W0257747

Abhängigkeitsgraph

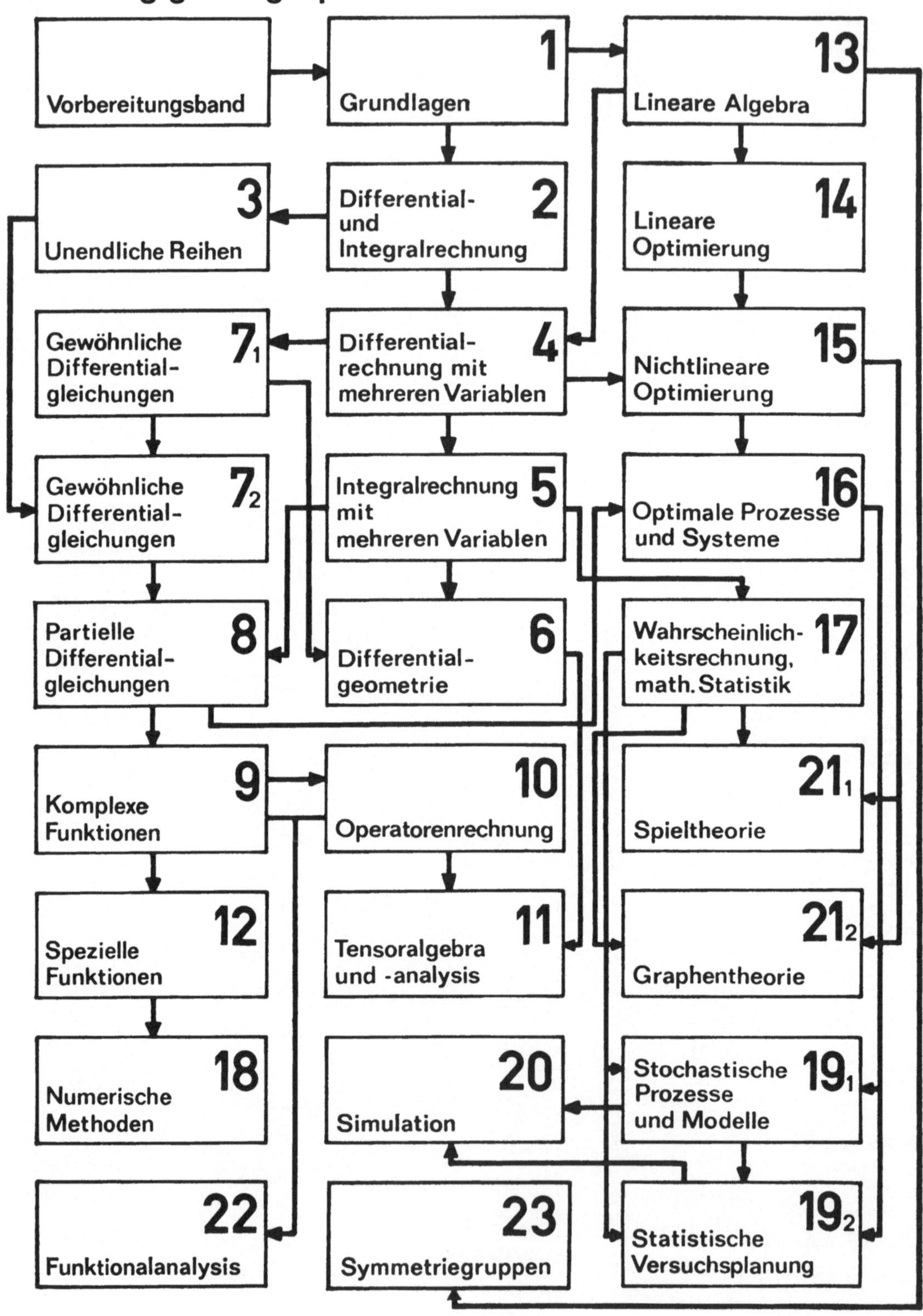

MATHEMATIK FÜR INGENIEURE, NATURWISSENSCHAFTLER,
ÖKONOMEN UND LANDWIRTE · BAND 23

Herausgeber: Prof. Dr. O. Beyer, Magdeburg · Prof. Dr. II. Erfurth, Merseburg
Prof. Dr. O. Greuel † · Prof. Dr. H. Kadner, Dresden
Prof. Dr. K. Manteuffel, Magdeburg · Doz. Dr. G. Zeidler, Berlin

DR. M. BELGER
DIPL.-PHYS. L. EHRENBERG

Theorie und Anwendung der Symmetriegruppen

2., BEARBEITETE AUFLAGE

SPRINGER FACHMEDIEN WIESBADEN GMBH
1988

Verantwortlicher Herausgeber:

Dr. sc. nat. Karl Manteuffel, ordentlicher Professor für mathematische Methoden
der Operationsforschung an der Technischen Universität „Otto von Guericke", Magdeburg

Autoren:

Dr. rer. nat. Martin Belger, Oberassistent an der Karl-Marx-Universität Leipzig
Dipl.-Phys. Lothar Ehrenberg, Wissenschaftlicher Sekretär an der
Karl-Marx-Universität Leipzig

Als Lehrbuch für die Ausbildung an Universitäten und Hochschulen der DDR anerkannt.

Berlin, September 1987   Minister für Hoch- und Fachschulwesen

Belger, Martin:
Theorie und Anwendung der Symmetriegruppen / M. Belger; L. Ehrenberg –
2. Aufl.
116 S.: 37 Abb.
(Mathematik für Ingenieure, Naturwissenschaftler,
Ökonomen und Landwirte; 23)
NE: Ehrenberg, Lothar; GT

ISBN 978-3-322-00464-2   ISBN 978-3-663-11641-7 (eBook)
DOI 10.1007/978-3-663-11641-7

Math. Ing. Nat.wiss. Ökon. Landwirte, Bd. 23

ISSN 0138-1318

© Springer Fachmedien Wiesbaden 1981
Ursprünglich erschienen bei BSB B. G. Teubner Verlagsgesellschaft, Leipzig, 1981

2. Auflage
VLN 294–375/47/88 · LSV 1024
Lektor: Dorothea Ziegler/Jürgen Weiß

Bestell-Nr. 666 027 4

00870

Vorwort

Während der Student zu Beginn der Differential- und Integralrechnung in der Regel bereits über Grundkenntnisse in diesen Stoffgebieten verfügt, tritt er in das Studium der algebraischen Strukturen – hier speziell der Gruppentheorie – ohne schulische Vorkenntnisse und ohne Motivierungen ein. Lehrveranstaltungen zu Symmetriegruppen vor Chemikern haben gezeigt, daß dieser Start zudem u. a. mit Schwierigkeiten bei der stärkeren Hinwendung zu begrifflichem und strukturellem Denken – besonders hinsichtlich des Abstraktionsvermögens – verbunden ist.

Die den Gruppenbegriff betreffende naturwissenschaftlich orientierte Literatur, die dem Studierenden gegenwärtig zur Verfügung steht, trägt diesem Umstand wenig Rechnung. Deshalb haben wir uns im vorliegenden Band bemüht, Theorie und „Praxis" nicht nacheinander, sondern in gegenseitiger Durchdringung gleichzeitig zu entwickeln. Dabei werden Begriffe, Operationen, Strukturen usw. im wesentlichen von einem immer wieder benutzten, genügend repräsentativen Beispiel abgeleitet oder an diesem ausprobiert und erläutert. Deshalb sollte der Abschnitt 2.3.1. aufmerksam durchgearbeitet werden. In ihm wird dieses Beispiel vorgestellt und dabei in heuristischer Weise auf den Gruppenbegriff hingearbeitet. Die in manchen Lehrbüchern mit übermäßiger Kürze in der Darstellung verbundenen Schwierigkeiten wurden anfänglich bewußt vermieden – zum Nachteil der Reichweite dieser Einführung in die Theorie. Für weitergehende Studien steht ausreichend Literatur zur Verfügung, die entsprechend zitiert wird.

Daß wir die Hinführung zum Gruppenbegriff an Symmetriebetrachtungen für Moleküle bzw. Kristalle gebunden haben, beruht einerseits auf der Interessenlage in der Chemie und Physik, bedeutet andererseits jedoch keine Einschränkung. Denn die Kerngerüste von Molekülen bzw. die Kristallgitter können auch als Massenpunktsysteme oder geometrische Anordnungen betrachtet werden und sind in der Regel sogar Standardfiguren der Stereometrie.

Die Beweistätigkeit steht, dem Zwecke dieses Bandes entsprechend, im Hintergrund. Die meisten Beweise wurden geführt, aufwendigere durch Literaturhinweise ersetzt. Da in manchen anderen Darstellungen versäumt wurde, die Gleichheit zwischen Symmetrieoperationen ausreichend zu klären, wodurch sich letztlich die Ordnung von Symmetriegruppen nicht genau feststellen läßt, haben wir diesen Gesichtspunkt besonders herausgearbeitet. An mathematischen Vorkenntnissen zum Verständnis dieses Bandes genügt bis zum Kapitel 7. elementares Wissen, das im wesentlichen in den Bänden 1 und 13 dieser Reihe zu finden ist. Das Studium von Kapitel 8. bedarf an verschiedenen Stellen auch der Einsichtnahme in die zitierte Literatur.

Die Autoren danken dem Herausgeber, Herrn Prof. Dr. Manteuffel, Magdeburg, sowie den Gutachtern, Herrn Prof. Dr. Engels, Leuna-Merseburg, und Herrn Prof. Dr. Pazderski, Rostock, für hilfreiche Ratschläge zur Abfassung des Bandes, Frau Ziegler vom Teubner-Verlag für die außerordentlich aufmerksame und kritische Durchsicht des Manuskriptes und dem Verlag für sein Entgegenkommen in verschiedensten Fragen.

Leipzig, im April 1980   Die Verfasser

Inhalt

1.   Anwendungsaspekte der Theorie

Der Studierende tut gut daran, das Studium der Gruppentheorie von vornherein im Bewußtsein der Tatsache aufzunehmen, daß diese Theorie in der Hand des Naturwissenschaftlers längst zu einem unentbehrlichen Instrument bei der mathematischen Erfassung und Lösung verschiedenster Problemstellungen geworden ist, insbesondere solcher, *bei denen das Auftreten oder Fehlen von Symmetrien in einem physikalischen System Einfluß auf dessen Verhalten nimmt.* Derartigen Anwendungen der Gruppentheorie liegt das *Neumannsche* Prinzip[1]) zugrunde:

„Wenn ein System eine gewisse Gruppe von Symmetrieoperationen besitzt, dann muß jede physikalische Beobachtungsgröße dieses Systems ebenfalls dieselbe Symmetrie besitzen."

Auf dieser Grundlage lassen sich z. B. die Eigenschwingungen eines Moleküls klassifizieren und Aussagen über deren Infrarot- und Raman-Aktivität machen.

Die Übergänge zwischen den verschiedenen Zuständen eines physikalischen Systems können durch Auswahlregeln beschrieben werden. Ein Beispiel hierfür ist der mit Strahlung verbundene Übergang der Elektronen in einem Atom. Die Anwendung der Gruppentheorie auf die Quantenübergänge liefert diese Regeln nahezu zwanglos. Gruppentheoretisch beschreibbar sind auch die physikalischen Erscheinungen der Aufhebung der Entartung von Energieniveaus unter dem Einfluß äußerer Störungen bei gleichzeitiger Änderung der Symmetrie des physikalischen Systems.

In die Vielfalt der Elementarteilchen haben erst gruppentheoretische Betrachtungen Systematik gebracht, und die Übersicht wurde so weit getrieben, daß neue Teilchen vorhergesagt werden konnten.

Bedeutsame Ergebnisse der Physik sind des weiteren durch gruppentheoretische Untersuchungen in der speziellen Relativitätstheorie und der Quantenfeldtheorie erzielt worden.

Zum Gegenstand der Theorie der Symmetriegruppen gehört das Gebiet der Molekülsymmetrien. Wir wissen z. B., daß die optische Aktivität von Molekülen mit der Frage zusammenhängt, welche Punktsymmetriegruppen zu deren Kerngerüsten auftreten. In ähnlicher Weise nehmen diese Gruppen auch Einfluß auf die Struktur der Spektren in der Spektroskopie oder auf das Auftreten von Dipolmomenten bei symmetrisch angeordneten Molekülen usw. (vgl. [1]).

Ihre bedeutendste Rechtfertigung erfährt die Anwendung der Theorie der Symmetriegruppen nach wie vor in der Kristallographie, ja auf diesem Gebiet hat die Theorie erst ihre klassische Ausprägung erfahren.

Für die Erfassung des Symmetrieverhaltens von Kristallen mit eindimensionaler Lagefehlordnung ist der Gruppenbegriff nicht mehr ausreichend. Man arbeitet mit dem Begriff des Gruppoides, der mit Erfolg auch auf anderen Gebieten, wie der mathematischen Linguistik, bei der Beschreibung von Datenstrukturen in der Informationsverarbeitung usw. benutzt wird.

Mit dieser Auswahl von Beispielen ist das Anwendungsfeld der Gruppentheorie bei weitem nicht erschöpft; wir denken z. B. auch an die mit dem Kleinschen Erlanger Programm verbundenen Entwicklungen in der Geometrie. Dennoch mag uns diese Auswahl bereits zu der Überzeugung führen, daß es sich bei der Gruppentheorie nicht nur um eine mathematische Theorie handelt, sondern um ein Gebiet, das in Physik, in Chemie und in anderen Wissenschaftsdisziplinen erfolgreich angewendet wird.

---

[1]) Franz Ernst Neumann (1798–1895), Professor der Physik und Mineralogie in Königsberg.

2. Symmetriebetrachtungen

2.1. Zielstellung

Gruppentheorie in der Physik und Chemie – das ist insbesondere im Sinne des Neumannschen Prinzips die Theorie der Symmetriegruppen physikalischer Systeme (Moleküle, Festkörper usw.). Auf die Einführung dieses Gruppenbegriffs bereiten wir uns hier deshalb durch das Studium der Symmetrie einiger solcher Systeme vor. Genauer: Wir werden uns mit der Handhabung der drei Formen, in denen sie sich äußert,

(S)   *Symmetrieelement, Symmetrielage, Symmetrieoperation*

und deren Formulierung in der Schönfließsymbolik vertraut machen.

2.2. Grundannahmen

2.2.1. Zu Molekülen und Kristallen

Um den Schwierigkeiten des variablen Aufenthaltsortes der Elektronen und des (allerdings geringeren) Spielraumes der Atomkerne auszuweichen, *beziehen sich unsere Symmetriestudien am Molekül auf dessen Kerngerüst* (Bild 2.1). Wir studieren also ein Massenpunktsystem aus endlich vielen starr verbundenen Atomen. Die Atome denken wir uns dabei mit ihren Kernen in den Punkten des Systems angeheftet. Zum Beispiel bilden der Stickstoffkern und die drei Wasserstoffkerne des Ammoniakmoleküls NH_3 die vier Ecken eines Tetraeders.

Auf diese Weise läuft das Symmetriestudium an Molekülen häufig auf dasjenige von geometrischen Standardfiguren der Stereometrie hinaus – auch dann, wenn das Kerngerüst (wie z. B. das von NH_3) durch seine Besonderheiten innerhalb der Figur dieser Symmetriebeschränkungen auferlegt. So könnten wir die Symmetrien z. B. von Kohlendioxid (CO_2), Bortrifluorid (BF_3), Xenontetrafluorid (XeF_4), Benzen (C_6H_6), Ammoniak (NH_3), Allen (C_3H_4) und Schwefelchloropentafluorid (SF_5Cl)

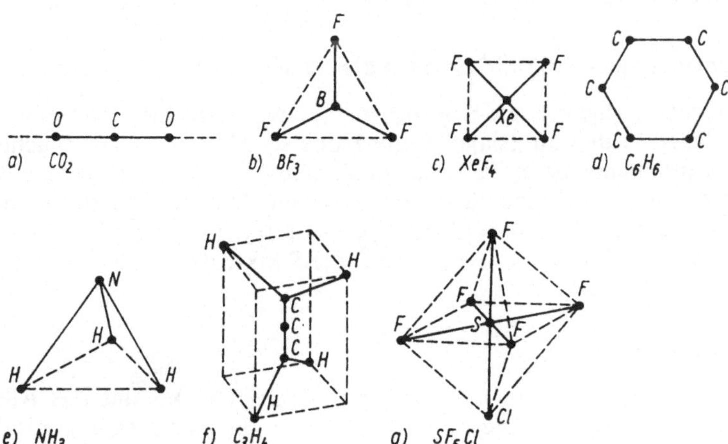

Bild 2.1. Kerngerüste in geometrischen Standardfiguren

an der Geraden, am gleichseitigen Dreieck, Quadrat, regelmäßigen Sechseck, Tetraeder, Quader, Oktaeder (Bild 2.1 (a) bis (g)) erörtern.

Analoge Annahmen gelten für Kristalle. Symmetrieuntersuchungen beziehen wir auf Idealkristalle ohne Rücksicht also auf thermische Schwingungen der Gitterbausteine usw.

2.2.2. Zu Operationen an Molekülen und Kristallen

Die Objekte unserer Symmetrieuntersuchungen sollen sich im *dreidimensionalen euklidischen Raum* E^3 befinden. Vorerst genügt es, „den E^3" als den Raum unserer naiven Anschauung („Anschauungsraum") aufzufassen; später entspricht er der in Bd. 1, 7.8., gegebenen Definition. Die an den Objekten nachfolgend ausgeführten vier Arten von Operationen:

$(\mathfrak{B})$
   (i)   *Drehungen um Geraden (eigentliche Drehungen), eventuell mit anschließender Translation in Richtung dieser Geraden (Schraubungen)*

   (ii) *Drehspiegelungen an Drehspiegelachsen (uneigentliche Drehungen)*

  (iii) *Spiegelungen an Ebenen (Reflexionen), eventuell mit anschließender Translation parallel zu diesen Ebenen (Gleitspiegelungen)*

  (iv) *Parallelverschiebungen (Translationen)*

sind ausdrücklich als solche des *ganzen Raumes* zu betrachten. Sie heißen die *Bewegungen* des E^3. Sie sind seine abstandserhaltenden Transformationen und werden von uns zuerst auch gemäß unserer Anschauung bzw. Schulkenntnis über sie gehandhabt. Wird bei der Bewegung φ der Punkt $P \in E^3$ in den Punkt $P' \in E^3$ überführt, so schreiben wir $P' = \varphi(P)$. Für den Abstand $d(P, Q)$ beliebiger Punkte $P, Q \in E^3$ gilt dann: $d(P, Q) = d(P', Q')$.

2.3. Erarbeitung der Symmetriebegriffe (S) an Beispielen, Schönfließsymbolik[1]), Symmetriemengen, Produkttafeln

Auf der Suche nach einem Molekül, dessen Kerngerüst als Beispiel für ein endliches Massenpunktsystem mit leicht überschaubarem, dennoch aber repräsentativem Symmetrieverhalten studiert werden kann, stoßen wir auf Allen (Bild 2.1(f)):

2.3.1. Symmetriestudien am „Massenpunktsystem" Allen

In einem rechtwinkligen x,y,z-Koordinatensystem betrachten wir einen Quader in achsenparalleler Mittelpunktslage. Seine Höhe sei $2h$, seine Grundfläche quadratisch von der Kantenlänge $2g < 2h$. Dem Quader läßt sich dann z. B. gemäß Bild 2.2(a) das Kerngerüst eines Allen-Moleküls einbeschreiben: Die vier H-Atomkerne werden kontrapunktisch auf die Ecken $H_1: (g, -g, -h)$, $H_2: (g, g, h)$, $H_3: (-g, g, -h)$, $H_4: (-g, -g, h)$ verteilt und die C-Kerne auf die Punkte $(0, 0, -d)$, $(0, 0, 0)$, $(0, 0, d)$ $(0 < d < h)$ der z-Achse.

2.3.1.1. Die Drehsymmetrien C_n

Drehen wir den Raum E^3 um 180° um die z-Achse, so kommt das Allen-Kerngerüst mit sich zur Deckung: Die drei C-Atomkerne bleiben fest, H_1 mit H_3 sowie

---

[1]) Arthur Schönfließ (1853–1928), Mathematiker, wirkte in Königsberg, Frankfurt.

H_2 mit H_4 tauschen ihre Plätze aus (Bild 2.2(c), rechts unten). *Anfangs- und Endlage des Moleküls sind dabei nicht unterscheidbar*[1]), *wenn auch nicht identisch.* Sie heißen *Symmetrielagen*, die Drehachse heißt ein *Symmetrieelement* (*Drehsymmetrieachse*) und die zugehörige Drehung eine *Symmetrieoperation* (*Drehsymmetrieoperation*) für das Allen-Molekül.

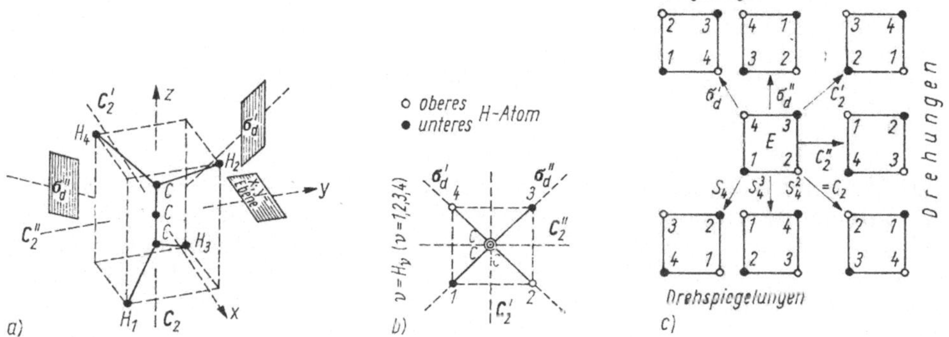

·Bild 2.2. Allen-Molekül
(a) Kerngerüst und Symmetrieelemente
(b) Projektion des Kerngerüstes auf die x,y-Ebene·
(c) Symmetrielagen

Wenn das Kerngerüst eines Moleküls durch eine Bewegung des E^3 mit sich zur Deckung gelangt, sagt man auch, „*das Molekül gestattet diese Bewegung*" (*Deckbewegung, Decktransformation, Deckabbildung, Symmetrieoperation, Symmetrieabbildung* usw.).

So gestattet das Allen-Molekül offensichtlich auch noch eine Drehung um 180° um die x- und eine solche um die y-Achse, wodurch wir zwei weitere Symmetrielagen, Symmetrieelemente und Symmetrieoperationen erkannt haben (Bild 2.2).

Drehsymmetrieachsen bzw. Drehsymmetrieoperationen um sie werden in der *Schönfließsymbolik* durchweg mit dem gleichen Buchstaben C bzw. C (bei mehreren solchen Achsen auch mit $C', C'' \ldots$, bzw. $C', C'', \ldots$) bezeichnet. Speziell schreiben wir dabei C_n, wenn n die *Zähligkeit* oder auch *Ordnung der Achse C* ist, d. h., *wenn nach n-maliger Hintereinanderausführung der Drehsymmetrieoperation C um die Achse C das Molekül zum erstenmal wieder in seine Ausgangslage* (zu seiner „*Identität*") *zurückkehrt.* Die x-, y- bzw. z-Achse sind als Drehachsen für das Allen-Molekül 2-zählig (von zweiter Ordnung). Deshalb bezeichnen wir sie mit C_2', C_2'' bzw. C_2 und die zu ihnen gehörigen Drehsymmetrieoperationen mit C_2', C_2'' bzw. C_2 (Bild 2.2).

In diesen Bezeichnungen gilt $C_2'(H_1) = H_2$, $C_2''(H_3) = H_2$, $C_2(H_1) = H_3$ usw.

2.3.1.2. Die Drehspiegelsymmetrien S_n

Außer C_2', C_2'' und C_2 besitzt das Allen-Molekül keine weiteren Drehsymmetrien. Wenn wir den Raum E^3 jedoch nur um 90° im Gegenuhrzeigersinn (mathematisch positiv) um die C_2-Achse drehen und ihn anschließend an der x,y-Ebene spiegeln, nimmt H_1 den Platz von H_2 ein, H_2 den von H_3, H_3 den von H_4, H_4 den von H_1, und das untere C-Atom tauscht mit dem oberen seinen Platz; das mittlere C-Atom

---

[1]) Denn die H-Atome sind in der Realität nicht (wie hier zur künstlichen Unterscheidung von 1 bis 4) „durchnumeriert".

bleibt fest (ist ein *Fixpunkt*). Das Kerngerüst kommt so mit sich zur Deckung. Es nimmt also eine weitere neue Symmetrielage ein. Deshalb zählen die mit S_4 bezeichnete *Drehspiegelachse*, bestehend aus z-Achse und x,y-Ebene (Bild 2.3) und die an S_4

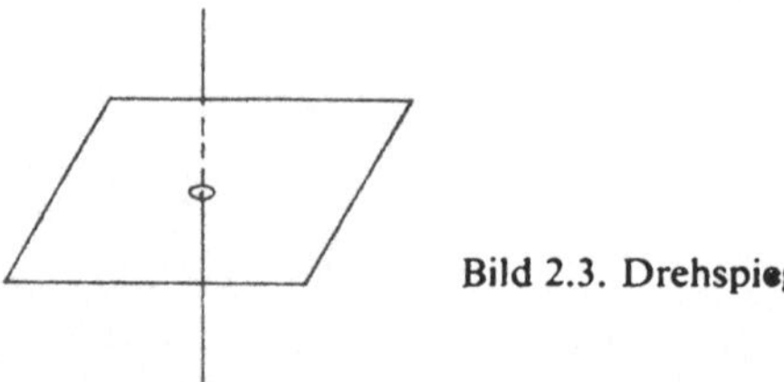

Bild 2.3. Drehspiegelachse

ausgeführte mit S_4 bezeichnete *Drehspiegelung* des E^3 zu den Symmetrieelementen bzw. Symmetrieoperationen des Moleküls. Eine Drehspiegelachse ist keine bloße Drehachse, sondern eine *Stellungsgerade S*, zu deren Bestimmungsstücken die (Spiegel-)Ebene gehört, auf der S per Definition senkrecht steht, und der Durchstoßpunkt durch diese Ebene. Das Molekül gestattet weder die Drehung für sich allein noch die Spiegelung, aus denen sich S_4 zusammensetzt, sondern nur deren Zusammensetzung. Dies muß aber nicht so sein (vgl. Bild 2.4 hinsichtlich C_6, σ_h und S_6).

Daß das Molekül auch jene mit S_4^3 bzeichnete Drehspiegelung gestattet, die durch die Drehung des E^3 um die z-Achse um 270° und anschließender Spiegelung an der x,y-Ebene entsteht, zeigt Bild 2.2. Weitere Drehspiegelungen besitzt Allen nicht.

Es gilt: $S_4(H_1) = H_2$, $S_4^3(H_1) = H_4$, $S_4^3(H_4) = H_3$ usw.

Drehspiegelsymmetrieachsen werden in der Schönfließsymbolik durchweg mit dem Buchstaben S bezeichnet, und die auf diese bezüglichen *Drehspiegelsymmetrieoperationen* mit S. Speziell schreiben wir dabei S_n, wenn n die Zähligkeit (Ordnung) von S ist. Diese ist wie bei Drehsymmetrieachsen definiert (2.3.1.1.). Für Allen ist $n = 4$. Als *Referenzachse* zeichnen wir nun unter den Drehsymmetrieachsen und Drehspiegelsymmetrieachsen des Moleküls diejenige (oder eine unter mehreren) mit der höchsten Zähligkeit aus. *Wir zeichnen diese dann stets vertikal.* Bei Allen ist S_4 die Referenzachse. Ist bei einem Molekül die Referenzachse selbst eine Drehsymmetrieachse (wie z. B. bei Benzen, Bild 2.4), so kann sie auch als *Hauptdrehachse* bezeichnet werden.

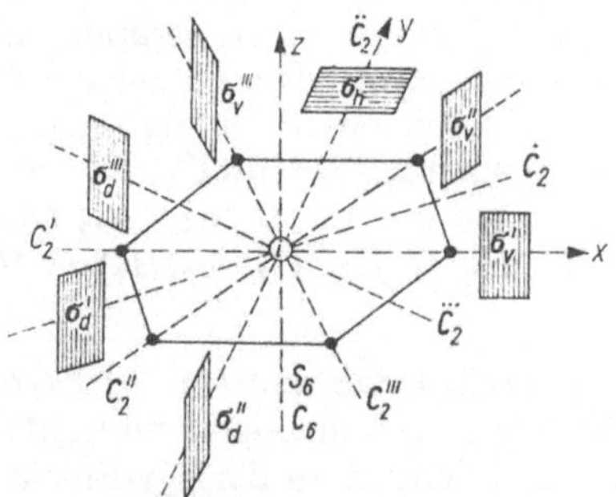

Bild 2.4. Benzen-Molekül; Spiegelsymmetrieebenen der Typen σ_v, σ_d, σ_h; Drehachsen vom Typ C_2, Referenzachse C_6 bzw. Drehspiegelachse S_6; Inversionszentrum i

2.3.1.3.   Die Spiegelsymmetrien σ_h, σ_d, σ_v

Es ist offensichtlich, daß das Molekül die mit σ_d' bezeichnete *Spiegelung* des E^3 an der durch die C_2-Achse und H_1 bestimmten Ebene σ_d' gestattet. Gleiches gilt bez. σ_d'' (s. Bild 2.2(a)). σ_d' und σ_d'' sind also Symmetrieoperationen (*Spiegelsymmetrie-*

operationen), σ_d' und σ_d'' die zugehörigen Symmetrieelemente (*Spiegelsymmetrieelemente*) für das Molekül. Bild 2.2(c) zeigt die unter der Wirkung von σ_d' oder σ_d'' entstehenden Symmetrielagen des Moleküls. Es gilt unter anderem $\sigma_d'(H_1) = H_1$, $\sigma_d'(H_2) = H_4$, $\sigma_d''(H_1) = H_3$.

Spiegelungssymmetrieebenen werden in der Schönfließsymbolik stets mit σ bezeichnet, um mehrere unterscheiden zu können, auch mit σ', σ'', σ''' usw. Die zugehörigen Spiegelungen des E^3 bezeichnen wir dann durch σ bzw. σ', σ'', σ'''. Die Stellung von σ zur Referenzachse des Moleküls bringen wir gegebenenfalls durch einen Index an σ zum Ausdruck: v *bedeutet, daß* σ_v *vertikal steht*, d. h., σ_v enthält die stets vertikal zu zeichnende Referenzachse. Zwei solcher Spiegelebenen σ_v' und σ_v'' besitzt z. B. das H_2O-Molekül (Bild 2.5). *Jene Spiegelebenen unter den* σ_v, *die den Winkel zwischen*

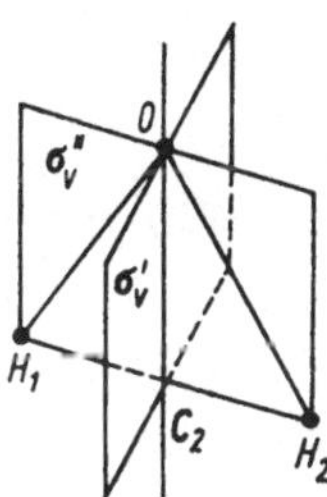

Bild 2.5. H_2O-Kerngerüst, Symmetrieelemente

zwei benachbarten, bez. der Referenzachse C_n *orthogonalen, d. h. in der Molekülebene liegenden horizontalen* C_2-*Drehachsen halbieren, bezeichnen wir speziell mit* σ_d (d: *dihedral*). Die vertikalen Spiegelebenen σ_d' und σ_d'' beim Allen-Molekül sind von dieser Art (Bild 2.2). *Wir schreiben im übrigen auch dann* σ_d, *wenn diese Spiegelsymmetrieebene den von benachbarten* σ_v-*Ebenen eingeschlossenen Winkel halbiert* (Bild 2.4). *Eine Spiegelsymmetrieebene, auf der die Referenzachse senkrecht steht, liegt horizontal und wird deshalb mit* σ_h (h: *horizontal*) *bezeichnet.* Die Molekülebenen des Benzenmoleküls (Bild 2.4) oder des H_2O_2-Moleküls (Bild 2.6) sind σ_h-Ebenen. Genaueres zum Auftreten von σ_v-, σ_d- und σ_h-Ebenen erfahren wir in 5.4.2. bis 5.4.5.

Außer σ_d' und σ_d'' besitzt Allen keine weiteren Spiegelsymmetrieebenen.

2.3.1.4. Die Identität E als Symmetrieoperation

Führt man S_4 viermal oder eine der Operationen C_2', C_2'', C_2, σ_d', σ_d'' jeweils zweimal hintereinander am Allen-Molekül aus, so nimmt dieses jedesmal dieselbe, in Bild 2.2(c) Bildmitte skizzierte Symmetrielage ein – nämlich seine Ausgangslage (Identität). Die Wirkung all dieser mit S_4^4, $C_2'^2$, $C_2''^2$, C_2^2, $\sigma_d'^2$, $\sigma_d''^2$ bezeichneten Symmetrieoperationen ist die gleiche, wie die jener Operation, die darin besteht, den Raum einfach festzulassen. Das Allen-Molekül (wie jedes andere Molekül auch) gestattet dieses mit E bezeichnete „Verharren" des E^3 in seiner Identität. *E ist demnach eine Symmetrieoperation für das Molekül und heißt Identität (identische Bewegung des* E^3). *Es gilt*

$$E(P) = P \quad \text{für alle } P \in E^3.$$

2.3.1.5. Die Gleichheit von Symmetrieoperationen

Am Allen-Molekül gilt z. B. $C_2(P) = S_4^2(P)$ für alle $P \in E^3$.

Zwei Symmetrieoperationen A, B *heißen gleich* ($A = B$), *wenn jede den ganzen Raum* E^3 *(und nicht nur das Massenpunktsystem) in dieselbe Lage bewegt*, d. h., wenn

$$A(P) = B(P) \quad \text{für alle } P \in E^3$$

gilt.

Demnach ist $C_2 = S_4^2$. Obwohl die Identität E das H_2O_2-Molekül (s. Bild 2.6) in die gleiche Symmetrielage bewegt (es festläßt) wie die Spiegelung σ_h des E^3 an der Molekülebene, gilt doch $E \neq \sigma_h$, da $E(P) = \sigma_h(P)$ nur für Punkte P der Molekülebene gilt.

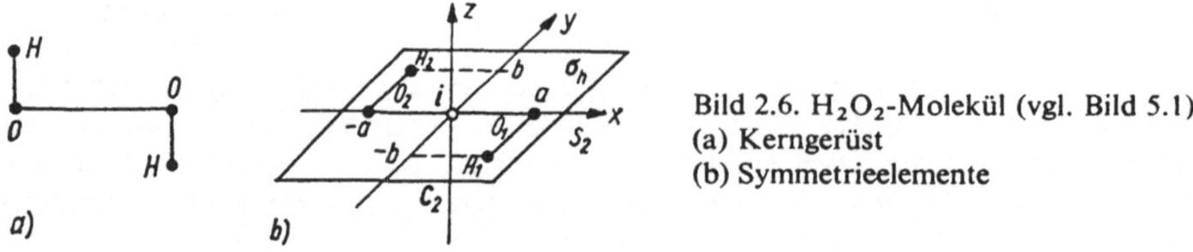

Bild 2.6. H_2O_2-Molekül (vgl. Bild 5.1)
(a) Kerngerüst
(b) Symmetrieelemente

2.3.1.6. Die Symmetriemenge D_{2d} des Allen-Moleküls

Sie besteht aus allen verschiedenen Bewegungen des Raumes E^3, die das Molekül gestattet, also aus dessen verschiedenen Symmetrieoperationen. Wir bezeichnen sie aus später ersichtlichen Gründen (5.4.5.) mit D_{2d}; also gilt

$$D_{2d} = \{E, S_4, S_4^2, S_4^3, C_2', C_2'', \sigma_d', \sigma_d''\}.$$

Wegen $C_2 = S_4^2$ wurde nur S_4^2 in D_{2d} als Element notiert.

Bemerkung: Die Elemente von D_{2d} sind keine Symmetrieelemente. In [10] hat der Begriff Symmetrieelement gerade die Bedeutung von Symmetrieoperation.

2.3.1.7. Die Hintereinanderausführung „ · " von Symmetrieoperationen aus D_{2d}

Beispiel 2.1: Führen wir die Symmetrieoperation $S_4 \in D_{2d}$ am Allen-Molekül aus, so nimmt dieses die in Bild 2.2(c) unten links skizzierte Symmetrielage ein. Wenden wir auf das in dieser neuen Lage befindliche Molekül sofort $\sigma_d' \in D_{2d}$ an, so nimmt es die in Bild 2.2(c) Mitte rechts angegebene Symmetrielage ein. Die durch diese Hintereinanderausführung von S_4 und σ_d', Bezeichnung $\sigma_d' \cdot S_4$, erreichte Symmetrielage wird jedoch bereits durch eine einzige Symmetrieoperation, nämlich durch $C_2'' \in D_{2d}$ erreicht. Da die Bewegung $\sigma_d' \cdot S_4$ und C_2'' nicht nur das Molekül selbst, sondern auch den ganzen Raum E^3 in dieselbe Lage transformieren, gilt $\sigma_d' \cdot S_4 = C_2''$. Genauso findet man z. B. $C_2' \cdot \sigma_d'' = S_4^3, \sigma_d' \cdot \sigma_d'' = S_4^2, \ldots$

Für $A, B \in D_{2d}$ heißt $A \cdot B$ auch Produkt aus A (1. Faktor) und B (2. Faktor). Die Hintereinanderausführung „ · " heißt (wegen gewisser Analogien zur Zahlenmultiplikation) *auch Multiplikation in D_{2d}. Wir vereinbaren ein für allemal die Symmetrieoperation $A \cdot B$ so auf das Molekül anzuwenden, daß zuerst der 2. Faktor B und dann der 1. Faktor A angewendet wird.* Für einen beliebigen Punkt $P \in E^3$ bedeutet dies $(A \cdot B)(P) = A(B(P))^{1)}$, und dies ist die allgemeine Definition für $A \cdot B$.

Indem wir alle Produkte $A \cdot B$ von Symmetrieoperationen $A, B \in D_{2d}$ des Allen-Moleküls bilden, stellen wir fest: D_{2d} ist bez. · *abgeschlossen*, d. h., für alle $A, B \in D_{2d}$ ist auch $A \cdot B \in D_{2d}$.

2.3.1.8. Die Produkttafel zu D_{2d}

Die letzte Feststellung ist am besten an der *Produkttafel* von D_{2d} zu ersehen: Diese ist nach der Art des Ergebnisspiegels eines Turniers, in welchem jeder gegen jeden (in unserem Falle auch „gegen sich selbst") spielt, aufgebaut (Tafel 2.1).

$^1)$ In der Literatur ist auch die Vereinbarung $(A \cdot B)(P) = B(A(P))$ zu finden.

Eingangsspalte bzw. *Eingangszeile* der Tafel heißen deren Spalte bzw. Zeile Nr. 0. *Am Schnittort der i-ten Spalte mit der j-ten Zeile ($i, j = 1, 2, \ldots, 8$) der Tafel steht das Produkt aus dem j-ten Element der Eingangsspalte mit dem i-ten Element der Eingangszeile.* Wir stellen fest, daß alle diese Produkte – sie bilden in der Tafel eine 8×8-Matrix – in $\mathbf{D}_{2d}$ liegen. Da sich die Eingangsspalte in der Spalte unter der Identität E (also in der Spalte Nr. 1) wiederholt, kann sie einfachheitshalber auch weggelassen werden. Entsprechend ist die Eingangszeile als Zeile Nr. 1 noch einmal vorhanden und i. allg. überflüssig.

Tafel 2.1. Produkttafel zur Symmetriemenge $\mathbf{D}_{2d}$ des Allen-Moleküls

	E	S_4	S_4^2	S_4^3	C_2'	C_2''	σ_d'	σ_d''	0. Zeile
E	E	S_4	S_4^2	S_4^3	C_2'	C_2''	σ_d'	σ_d''	1. „
S_4	S_4	S_4^2	S_4^3	E	σ_d''	σ_d'	C_2'	C_2''	2. „
S_4^2	S_4^2	S_4^3	E	S_4	C_2''	C_2'	σ_d''	σ_d'	3. „
S_4^3	S_4^3	E	S_4	S_4^2	σ_d'	σ_d''	C_2''	C_2'	4. „
C_2'	C_2'	σ_d'	C_2''	σ_d''	E	S_4^2	S_4	S_4^3	5. „
C_2''	C_2''	σ_d''	C_2'	σ_d'	S_4^2	E	S_4^3	S_4	6. „
σ_d'	σ_d'	C_2''	σ_d''	C_2'	S_4^3	S_4	E	S_4^2	7. „
σ_d''	σ_d''	C_2'	σ_d'	C_2''	S_4	S_4^3	S_4^2	E	8. „
0.	1.	2.	3.	4.	5.	6.	7.	8. Spalte

Die Produkttafel zeigt, daß $A \cdot B = B \cdot A$ nicht für alle $A, B \in \mathbf{D}_{2d}$ gilt. *Die Multiplikation in $\mathbf{D}_{2d}$ ist nicht kommutativ. Ferner erkennen wir $E \cdot A = A \cdot E = A$ für alle Elemente $A \in \mathbf{D}_{2d}$.*

2.3.1.9. Die inversen Symmetrieoperationen in $\mathbf{D}_{2d}$

Die Drehspiegelung S_4 können wir wieder rückgängig machen, d. h. das Molekül in seine Ausgangslage zurückführen, indem wir es um 90° im Uhrzeigersinn (mathematisch negativ) um die z-Achse zurückdrehen und an der x,y-Ebene spiegeln. Das Molekül gestattet diese zu S_4 entgegengesetzte, mit S_4^{-1} bezeichnete Drehspiegelung. S_4^{-1} *heißt zu S_4 inverse Symmetrieoperation* und gehört wie S_4 zu $\mathbf{D}_{2d}$. Für S_4^{-1} gilt definitionsgemäß $S_4 \cdot S_4^{-1} = S_4^{-1} \cdot S_4 = E$, und aus der Produkttafel liest man damit ab: $S_4^{-1} = S_4^3$.

Wie für S_4 finden wir mit Hilfe der Produkttafel für jedes Element $A \in \mathbf{D}_{2d}$ ein eindeutig bestimmtes inverses Element $A^{-1} \in \mathbf{D}_{2d}$ mit der *definierenden Gleichung* $A \cdot A^{-1} = A^{-1} \cdot A = E$. Es gilt $E^{-1} = E$, $S_4^{-1} = S_4^3$, $(S_4^2)^{-1} = S_4^2$, $(S_4^3)^{-1} = S_4$, $(C_2')^{-1} = C_2'$, $(C_2'')^{-1} = C_2''$, $\sigma_d'^{-1} = \sigma_d'$, $\sigma_d''^{-1} = \sigma_d''$.

2.3.2. Die Symmetriemenge und Produkttafel des Wasserstoffperoxid-Moleküls H_2O_2

Mit dem H_2O_2-Molekül der in Bild 2.6 angegebenen speziellen Gestalt und Lage bez. eines rechtwinkligen x,y,z-Koordinatensystems beschäftigen wir uns hier vor allem mit dem Ziel, die beim Allen-Molekül nicht vorhandenen Drehspiegelsymmetrien vom Typ S_2 zu erörtern.

Wir wollen nun beim H_2O_2-Kerngerüst entsprechende Betrachtungen anstellen wie beim Allen-Modell.

2.3.2.1. Drehsymmetrie

Die einzige symmetrische Drehung ist die Drehung C_2 um 180° um die z-Achse, die als Hauptdrehachse C_2 der Zähligkeit 2 vertikal zu stehen hat (senkrecht zur Molekülebene σ_h).

2.3.2.2. Spiegelsymmetrie

Es gibt auch nur eine Spiegelung, die Spiegelung σ_h an der x,y-Ebene, die die Molekülebene σ_h bildet.

2.3.2.3. Identität

Natürlich existiert die identische Bewegung (Identität) E.

2.3.2.4. Die Drehspiegelung S_2 – Inversion

Nun betrachten wir die Drehspiegelung $S_2 = \sigma_h \cdot C_2$ an der aus der Drehachse C_2 und der Spiegelebene σ_h bestehenden Drehspiegelachse $S_2 = \sigma_h \cdot C_2$ durch $(0, 0)$.

Diese Symmetrieoperation S_2 bildet einen beliebigen Punkt $P \in E^3$ auf jenen Punkt $P' \in E^3$ ab, für den der Koordinatenursprung $(0, 0, 0)$ Mittelpunkt der Strecke $\overline{PP'}$ ist: $P' = S_2(P)$. Zum Beispiel ist $H_2 = S_2(H_1)$, $H_1 = S_2(H_2)$, aber auch $O_2 = S_2(O_1)$, $O_1 = S_2(O_2)$. Man sagt auch, *S_2 bewirkt eine Spiegelung des E^3 am Punkt $(0, 0)$ oder auch eine Inversion i des E^3 am Inversionszentrum i (i: $(0, 0)$). P und P' liegen bez. $i \in E^3$ zueinander invers. Als Inversionszentrum ist i Symmetrieelement, als Inversion ist i Symmetrieoperation für* das H_2O_2-Molekül. Dieses gestattet also die Inversion bez. i. Das Allen-Molekül dagegen besitzt kein Inversionszentrum.

Wir betrachten jetzt eine beliebige Drehspiegelachse S_2' durch i mit durch i gehender Spiegelebene. Die zugehörige Drehspiegelung S_2' des E^3 bewirkt offensichtlich die gleiche Inversion i wie S_2. *Also sind alle diese Drehspiegelungen S_2' gleich:* $S_2 = S_2' = i$, *obwohl die Drehspiegelachsen S_2' alle voneinander verschieden sind.*

Es gilt $i \cdot i = i^2 = E$. Damit gehört i – wie auch die Drehungen und Drehspiegelungen S_2' der Zähligkeit 2 sowie die Spiegelungen zu den sog. *Involutionen* φ des E^3, die die Eigenschaft $\varphi \neq \varphi \cdot \varphi = E$ haben.

Als weiteres Beispiel für ein Inversionszentrum erkennen wir in Bild 2.4 den Mittelpunkt i des Benzenringes.

2.3.2.5. Die Symmetriemenge C_{2h} des H_2O_2-Moleküls

Sie lautet

$$C_{2h} = \{E, C_2, \sigma_h, i\}.$$

Über die Bezeichnung C_{2h} informieren wir uns in 5.4.2.

2.3.2.6. Die Produkttafel zu C_{2h}

Sie wird wie die Produkttafel von D_{2h} aufgestellt und ist in Tafel 2.2 angegeben. Eingangszeile und Eingangsspalte sind weggelassen worden. Die Tafel ist bezüglich ihrer Hauptdiagonalen symmetrisch, d. h., für alle $A, B \in C_{2h}$ gilt $A \cdot B = B \cdot A$.

Im Unterschied zur Multiplikation in $\mathbf{D}_{2h}$ (Allen-Molekül) ist die Multiplikation in $\mathbf{C}_{2h}$ kommutativ.

Tafel 2.2. Produkttafel zur Symmetriemenge $\mathbf{C}_{2h}$ des H_2O_2-Moleküls

E	C_2	σ_h	i
C_2	E	i	σ_h
σ_h	i	E	C_2
i	σ_h	C_2	E

2.3.2.7. Die inversen Elemente in $\mathbf{C}_{2h}$

Für das zu A inverse Element A^{-1} muß $A \cdot A^{-1} = A^{-1} \cdot A = E$ gelten. Aus der Produkttafel liest man demgemäß ab: $E^{-1} = E$, $C_2^{-1} = C_2$, $\sigma_h^{-1} = \sigma_h$, $i^{-1} = i$. Alle Symmetrieoperationen des H_2O_2-Moleküls sind also „*selbstinvers*", d. h. $A^{-1} = A$.

2.3.2.8. Das Symmetriezentrum, Fixpunkte

Das Inversionszentrum i: $(0, 0, 0)$ des H_2O_2-Moleküls bleibt unter der Wirkung der Drehsymmetrieoperation C_2 unbewegt: $C_2(i) = i$. i heißt daher *Fixpunkt bez. C_2*. Aber auch alle Punkte P der Drehachse C_2 sind demnach Fixpunkte bez. C_2: $C_2(P) = P$. Bezüglich der Inversion des Raumes E^3 an i jedoch ist i der einzige Fixpunkt. $i \in E^3$ ist daher der einzige Punkt, der bez. aller Symmetrieoperationen aus $\mathbf{C}_{2h}$ Fixpunkt ist. Ein solcher Punkt heißt *Symmetriezentrum* des Moleküls. Zum Beispiel ist der mittlere C-Kern des Allen-Molcküls (der Koordinatenursprung) Symmetriezentrum dieses Moleküls (Bild 2.2). *Ein Punkt $O \in E^3$, der als einziger Punkt bez. aller Elemente der Symmetriemenge eines Massenpunktsystems $\mathbf{M}$ Fixpunkt ist, heißt Symmetriezentrum von $\mathbf{M}$. Inversionszentren sind immer auch Symmetriezentren, aber nicht umgekehrt*, wie der Vergleich zwischen C_3H_4 und H_2O_2 zeigt. Das H_2O-Molekül (Bild 2.5) hat weder ein Symmetrie- noch ein Inversionszentrum, der Benzenring (Bild 2.4) hat in seinem Mittelpunkt beides zugleich. *Ein Koordinatensystem legt man vorteilhaft mit seinem Ursprung in das Symmetriezentrum*, sofern ein solches vorhanden ist.

Es sei noch bemerkt, daß alle bisher betrachteten Symmetrieoperationen als Bewegungen der Typen ($\mathfrak{B}$) (i), (ii), (iii) mindestens einen Fixpunkt haben, einen sogar gemeinsam.

2.3.3. Die Translationssymmetrien des ebenen Natriumchloridgitters (NaCl)

a) Bausteine des NaCl-Gitters sind nicht Atome, sondern Ionen: Die Na^+- bzw. Cl^--Ionen bilden je ein „*kubisch allseitig flächenzentriertes Gitter*", d. h. sie zeigen die in Bild 2.7(a) bez. eines rechtwinkligen x,y,z-Koordinatensystems skizzierten und zum NaCl-Gitter ineinandergestellten Anordnungen, die durch die Translation $T_0 = \frac{1}{2}(\mathbf{a} + \mathbf{b})$ auseinander hervorgehen. Wir betrachten davon nur das ebene Gitter in der x,y-Ebene (Bild 2.7(b)). Als dessen *Einheitstranslationen* gelten zwei nicht

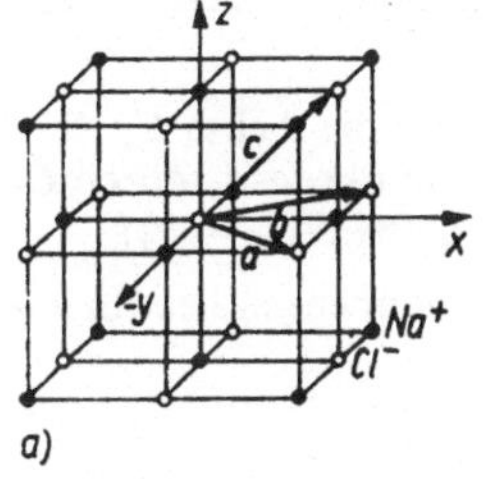
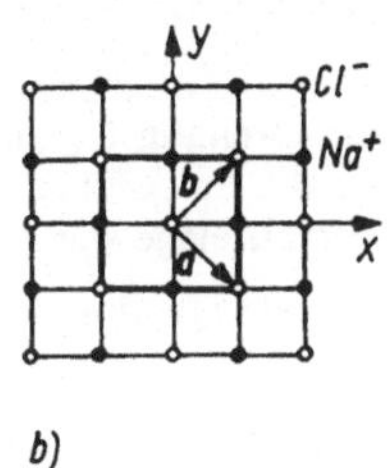

a) b)

Bild 2.7. NaCl-Gitter
(a) räumlich
(b) eben, Elementarzelle

kolineare Vektoren **a**, **b**, die von einem Cl^-- (oder Na^+-)Ion aus zu zwei unmittelbar benachbarten Cl^-- (oder Na^+-)Ionen führen. Als *Elementarzelle* bezeichnen wir das kleinste Quadrat, aus dem durch die Translationsvektoren $T = r\mathbf{a} + s\mathbf{b}$ das gesamte Gitter erzeugt wird, wenn r, s die Menge **Z** aller ganzen Zahlen durchlaufen. Da der Vektor $r\mathbf{a} + s\mathbf{b}$ hier als Symmetrieoperation aufgefaßt wird, bezeichnen wir ihn durch T und nicht durch **t**.

b) Die Symmetriemenge der Dreh-, Spiegel- und Drehspiegelsymmetrien (einschl. Inversion an i) mit dem Koordinatenursprung $O = i$ als Fixpunkt ist nach den entsprechenden Vorbildern in 2.3.1. und 2.3.2. leicht am Quadrat abzulesen.

c) Die Translationssymmetriemenge $\mathfrak{T}$. Wegen der Kleinheit der Ionenabstände können wir uns das Gitter als unbeschränkt ausgedehnt denken. Verschieben wir also den Raum $\mathbf{E}^3$ um einen beliebigen Translationsvektor $T = r\mathbf{a} + s\mathbf{b}$ $(r, s \in \mathbf{Z})$, so kommt das Gitter wieder mit sich zur Deckung. Das Gitter gestattet also diese Translationen T des $\mathbf{E}^3$, die deshalb Symmetrieoperationen für das Gitter sind und dieses in neue Symmetrielagen verschiebt.

Die Rolle der identischen Symmetrieoperation spielt hier der *Nullvektor* $O = 0\mathbf{a} + 0\mathbf{b}$, der den $\mathbf{E}^3$ und damit das Gitter festläßt. (Hier ist der Nullvektor als Symmetrieoperation ausnahmsweise mit O genauso wie der Koordinatenursprung bezeichnet. Später sei $O = \mathbf{o}$.) Als zu T inverse Symmetrieoperation, die die durch T bewirkte Verschiebung des Gitters wieder rückgängig macht, erweist sich der zu T entgegengesetzte Vektor $-T = (-r)\mathbf{a} + (-s)\mathbf{b}$. Es gilt $T + (-T) = O$. Mit T gehört auch $-T$ zur *Menge* **T** *aller Translationssymmetrieoperationen* des ebenen Gitters, da $-r$, $-s \in \mathbf{Z}$. Die Hintereinanderausführung zweier Translationen $T_\nu = r_\nu\mathbf{a} + s_\nu\mathbf{b}$ $(\nu = 1, 2)$ am Gitter wird ganz natürlich durch die Vektoraddition „$+$" realisiert: $T_1 + T_2 = (r_1 + r_2)\mathbf{a} + (s_1 + s_2)\mathbf{b}$. Mit $T_1, T_2 \in \mathfrak{T}$ ist auch $T_1 + T_2 \in \mathfrak{T}$, da $r_1 + r_2 \in \mathbf{Z}$ und $s_1 + s_2 \in \mathbf{Z}$ gilt. $\mathfrak{T}$ *ist also gegenüber $+$ abgeschlossen*. Daß T als Symmetrieoperation eine Translation des ganzen Raumes bedeutet, ist klar.

2.3.4. Symmetrieoperationen mit und ohne Fixpunkt

Wir beobachten, daß es im $\mathbf{E}^3$ bezüglich jeder der Symmetrieoperationen $B \in \mathbf{D}_{2d}$ bzw. $B \in \mathbf{C}_{2h}$ mindestens einen Fixpunkt O gibt: Ja, es gibt sogar stets einen für alle B gemeinsamen Fixpunkt O: $B(O) = O$. O wird zweckmäßigerweise als Koordinatenursprung verwendet (Bild 2.2(a), 2.4, 2.5, 2.6(b)). *Dagegen sind die Translationen* $T \in \mathfrak{T}$, $T \neq 0$ *sämtlich fixpunktfrei*. Für deren Hintereinanderausführung hatte sich auf natürliche Weise die Vektoraddition $+$ in $\mathfrak{T}$ ergeben, während wir dafür in $\mathbf{D}_{2d}$ bzw. $\mathbf{C}_{2h}$ die Multiplikation $\cdot$ eingeführt hatten. Symmetriemengen, deren Elemente einen gemeinsamen Fixpunkt besitzen, werden Anlaß zu den sogenannten *Punktgruppen* (s. 5.1.) geben.

Aufgaben

* **2.1.** Das Massenpunktsystem $\mathbf{P} \subset \mathbf{E}^3$ gestatte die Bewegung φ des $\mathbf{E}^3$. Was bedeutet diese Aussage (für $\mathbf{P}$ und für φ)?

* **2.2.** Ein gleichseitiges Dreieck $\triangle \subset \mathbf{E}^3$ gestattet die Drehung C_2 um 180° um die Achse C_2 durch einen Eckpunkt und den Mittelpunkt von $\triangle$ sowie die Spiegelung σ_v an der Ebene σ_v durch C_2, senkrecht auf $\triangle$. C_2 überführt $\triangle$ in die gleiche Symmetrielage wie σ_v. Gilt deshalb $C_2 = \sigma_v$?

* **2.3.** Wir betrachten ein gleichseitiges Dreieck $\triangle$ und ein Quadrat $\square$ als Punktmengen des Raumes $\mathbf{E}^3$. Gib in der Schönfließsymbolik an:

a) alle Symmetrieelemente von $\triangle$ und von $\square$,
b) die Symmetriemenge von $\triangle$ bzw. von $\square$ (Bezeichnunng: $\mathbf{D}_{3h}$ bzw. $\mathbf{D}_{4h}$).

2.4. Überlege auf der Grundlage der Lösung der Aufgabe 2.3.:

a) Das Bortrifluorid-Molekül (Bild 2.1.(b)) bzw. das Xenontetrafluorid-Molekül (2.1.(c)) hat die gleiche Symmetriemenge wie $\triangle \subset \mathbf{E}^3$ bzw. $\square \subset \mathbf{E}^3$ (also $\mathbf{D_{3h}}$ bzw. $\mathbf{D_{4h}}$).

b) Das Ammoniak-Molekül (Bild 2.1.(e)) bzw. das SF_5Cl-Molekül (2.1.(g)) hat die gleiche Symmetriemenge wie $\wedge \subset \mathbf{E}^2$ bzw. $\square \subset \mathbf{E}^3$ (Bezeichnung: $\mathbf{C_{3v}}$ bzw. $\mathbf{C_{4v}}$), d. h. wie die (entgegen der Absprache in 2.2.2.) nur noch in der euklidischen Ebene $\mathbf{E}^2$ betrachtete Punktmenge $\triangle$ bzw. $\square$.

3. Elemente der Gruppentheorie

3.1. Gruppenbegriff

3.1.1. Beispiele von Symmetriegruppen

3.1.1.1. Die Symmetriegruppe des Allen- bzw. des H_2O_2-Moleküls

Aus den Produkttafeln zu den Symmetriemengen D_{2d} und C_{2h} für diese Moleküle (Tafel 2.1 und 2.2) lesen wir übereinstimmend die nachfolgend nur für D_{2d} formulierten gemeinsamen Regelmäßigkeiten ab:

Die Hintereinanderausführung „ · " von Symmetrieoperationen als Multiplikation in D_{2d} weist jedem geordneten[1]) Paar solcher Operationen $A, B \in D_{2d}$ als „Produkt" aus A und B wieder eine eindeutig bestimmte Operation $A \cdot B \in D_{2d}$ zu. Bezüglich beliebiger Elemente $A, B, C \in D_{2d}$ gelten für · dabei die „Rechenregeln"

(A) $A \cdot (B \cdot C) = (A \cdot B) \cdot C,$

(E) $E \cdot A = A \cdot E = A,$

(I) $A \cdot A^{-1} = A^{-1} \cdot A = E,$

wobei es mit der Eigenschaft (E) *nur ein neutrales Element* $E \in D_{2d}$ *(die Identität, hier auch Einselement genannt) gibt und mit* (I) *zu jedem* A *nur ein inverses* $A^{-1} \in D_{2d}$. *Ausgestattet mit einer solchen Verknüpfungsvorschrift ·, die den Regeln* (A), (E), (I) *folgt, heißt* D_{2d} *(multiplikativ geschriebene) Gruppe.* Man nennt sie *die Symmetriegruppe des Allen-Moleküls.* Entsprechend ist C_{2h} die Symmetriegruppe des H_2O_2-Moleküls. *Wir sagen dann auch, die Symmetriemengen* D_{2d} *bzw.* C_{2h} *sind jeweils mit einer Gruppenstruktur ausgestattet,* und schreiben, um dies anzuzeigen, anstelle der geschweiften Klammern eckige. Zum Beispiel lautet die Menge $C_{2h} = \{E, C_2, \sigma_h, i\}$ als Gruppe $C_{2h} = [E, C_2, \sigma_h, i]$.

3.1.1.2. Die Gruppe der Translationssymmetrien des ebenen NaCl-Gitters

Die Hintereinanderausführung + *von Translationssymmetrieoperationen als „Addition" in* $\mathfrak{T}$ *weist jedem Paar solcher Operationen* X, Y *eine eindeutig bestimmte solche Operation* $X + Y \in \mathfrak{T}$ *als Summe aus* X *und* Y *zu, so daß für beliebige* $X, Y, Z \in \mathfrak{T}$ *gilt:*

(A) $X + (Y + Z) = (X + Y) + Z,$

(0) $O + X = X + O = X,$

(I) $X + (-X) = -X + X = O,$

wobei es mit der Eigenschaft (0) *nur ein neutrales Element* $O \in \mathfrak{T}$ *(Nullelement genannt) gibt und mit* (I) *zu jedem* X *nur ein inverses* $-X \in \mathfrak{T}$. *Ausgestattet mit einer solchen Verknüpfungsvorschrift* +, *die den Regeln* (A), (0), (I) *folgt, heißt* $\mathfrak{T}$ *(additiv geschriebene) Gruppe der Translationssymmetrien des ebenen NaCl-Gitters;* $\mathfrak{T} = [T : T = r\mathbf{a} + s\mathbf{b}$ für alle $r, s \in \mathbf{Z}]$.

3.1.2. Abstraktion

Auf die in 3.1.1.1. oder 3.1.1.2. beschriebene Weise läßt sich auch die Symmetriemenge $\mathbf{S}$ eines beliebigen Massenpunktsystems, eines Festkörpers, einer geometrischen

---

[1]) Das Paar A, B ist ein anderes als B, A.

Anordnung usw. mit einer solchen Gruppenstruktur $\cdot$, (A), (E), (I) bzw. $+$, (A), (0), (I) ausstatten. *Deshalb ist es zweckmäßig, von der konkreten Natur der Elemente von* S *und jener der Multiplikation* $\cdot$ *bzw. Addition* $+$ *abzusehen und den Gruppenbegriff für alle Beispiele gemeinsam zutreffend – also abstrakt – zu formulieren*; anstelle von der Multiplikation oder Addition zweier Elemente (Zahlen, Symmetrieoperationen, Vektoren usw.) werden wir dann allgemein von deren *Verknüpfung* sprechen und ersetzen $\cdot$ und $+$ durch das gemeinsame Zeichen $\circ$ für die Verknüpfung. Ferner werden wir S durch G (G: Gruppe), E oder O neutral durch N sowie A^{-1} oder $-A$ durch A' bezeichnen.

3.1.3. Gruppenaxiome

Definition 3.1: *Eine nichtleere Menge heißt* **Gruppe G,** *wenn in ihr eine Verknüpfung* **D.3.1** *„$\circ$" existiert, durch die jedem geordneten Paar von Elementen A, B $\in$ G ein eindeutig bestimmtes Element A $\circ$ B $\in$ G als Ergebnis der Verknüpfung zugeordnet ist. Dabei sollen folgende Verknüpfungsregeln (Gruppenaxiome) für beliebige Elemente A, B, C $\in$ G erfüllt sein:*

(A) *das Assoziativgesetz A $\circ$ (B $\circ$ C) = (A $\circ$ B) $\circ$ C,*

(N) *die Existenz des neutralen Elementes, d. h., es gibt genau ein Element N $\in$ G, das neutrale Element der Gruppe, mit der Eigenschaft A $\circ$ N = N $\circ$ A = A,*

(I) *die Existenz des inversen Elementes, d. h., zu A $\in$ G gibt es genau ein sogenanntes inverses Element A' $\in$ G mit der Eigenschaft A' $\circ$ A = A $\circ$ A' = N.*

Gilt darüber hinaus in der Gruppe G *das*

(K) *Kommutativgesetz A $\circ$ B = B $\circ$ A,*

so heißt G *kommutative oder abelsche[1]) Gruppe.*

Deutet man (z. B. im Sinne von 3.1.1.1.) die Verknüpfung $\circ$ als Multiplikation $\cdot$, das neutrale Element N als *Einselement E* und schreibt für das inverse Element A' jetzt A^{-1}, so spricht man von G als von einer *multiplikativ geschriebenen* oder *multiplikativen Gruppe.* Analog heißt G *additiv geschriebene* oder *additive Gruppe,* wenn wir (z. B. im Sinne von 3.1.1.2.) $\circ$ als Addition $+$ deuten, N als *Nullelement O* und A' $= -A$ als zu A entgegengesetztes Element. *Additive abelsche Gruppen heißen auch Moduln.*

3.1.4. Endliche Gruppe, Ordnung einer Gruppe

Definition 3.2: *Eine Gruppe* G, *die als Menge aus endlich vielen Elementen besteht,* **D.3.2** *heißt* **endlich,** *die Anzahl g ihrer Elemente heißt ihre* **Ordnung.** *Andernfalls heißt* G **unendlich,** *auch Gruppe unendlicher Ordnung.*

Beispiel 3.1: Die Symmetriegruppe $C_{2h} = [E, C_2, \sigma_h, i]$ des H_2O_2-Moleküls hat vier Elemente. Sie ist also endlich, und zwar von der Ordnung $g = 4$. Die Gruppe $\mathfrak{T}$ der Translationssymmetrieoperationen des NaCl-Gitters ist von unendlicher Ordnung.

3.2. Weitere Beispiele von Gruppen

Das Rechnen mit komplexen Zahlen, Matrizen, Vektoren setzen wir als bekannt voraus (Bd. 1 und Bd. 13 dieser Reihe).

---

[1]) Niels Henrik Abel (1802–1829), norwegischer Mathematiker.

3.2.1. Gruppenstruktur verschiedener Zahlbereiche

a) Die Menge $\mathbf{K}$ der komplexen Zahlen $z = x + iy$ ($i^2 = -1$; $x, y \in \mathbf{R}$) bildet offensichtlich bez. der Addition $+$ als Rechenoperation $\circ$ in $\mathbf{K}$, bez. $N = O = 0 + i0 \in \mathbf{K}$ als Nullelement und $z^{\iota} = -z = -x + i(-y) \in \mathbf{K}$ als dem zu z inversen Element einen Modul.

b) Bezüglich der Multiplikation $\cdot$ von komplexen Zahlen als Verknüpfung $\circ$ in $\mathbf{K}$, bez. $N = E = 1 = 1 + i0 \in \mathbf{K}$ als Einselement und der zu $z \neq 0$ reziproken Zahl $1/z \in \mathbf{K}$ als dem zu z inversen Element z^{-1} bildet $\mathbf{K}$ ohne Null eine multiplikative abelsche Gruppe.

c) Unter den gleichen Voraussetzungen bzw. Annahmen wie in a) und b) für $\mathbf{K}$ bildet die Menge $\mathbf{R}$ der reellen Zahlen – wie $\mathbf{K}$ selbst – eine additive wie gleichzeitig multiplikative abelsche Gruppe, letzteres ohne die Zahl Null. Da überdies in $\mathbf{K}$ und $\mathbf{R}$ die Addition mit der Multiplikation durch das *Distributivgesetz*

$$\text{(D)} \qquad a \cdot (b + c) = a \cdot b + a \cdot c$$

verbunden ist, nennt man $\mathbf{K}$ und $\mathbf{R}$ *Zahlkörper* und allgemein jede Menge dieser Struktur *Körper*.

Algebraische Struktur nennen wir jede nichtleere Menge mit einer (oder mehreren) Verknüpfungen einschließlich der dafür gültigen Rechenregeln, z. B. Gruppenstruktur, Körperstruktur u. a. (vgl. Bd. 13, 3.4.).

d) Die Menge der ganzen Zahlen $\mathbf{Z}$ bildet bezüglich der Addition $+$, bez. $N = O = 0$ als Nullelement und $g^{\iota} = -g$ als dem zu $g \in \mathbf{Z}$ entgegengesetzten Element einen Modul. Bezüglich der Multiplikation $\cdot$ kann $\mathbf{Z}$ keine Gruppe bilden, da die zu $g \in \mathbf{Z}$ inverse Zahl $g^{\iota} = g^{-1} = 1/g$ ($g \neq 0$) für $g \neq 1$ keine ganze Zahl ist. Also gilt $g^{-1} \notin \mathbf{Z}$, entgegen der Forderung (I).

3.2.2. Moduln aus n-Tupeln reeller Zahlen und aus Vektoren

a) $\mathbf{R}^2$ sei die Menge der geordneten Paare reeller Zahlen. $Z = (x, y)$ und $W = (u, v)$, $x, y, u, v \in \mathbf{R}$, heißen gleich, $Z = W$, genau dann, wenn $x = u$ und $y = v$ gilt. Als Verknüpfung $\circ$ in $\mathbf{R}^2$ betrachten wir die Addition $+$ gemäß $Z + W = (x + u, y + v)$. Wir stellen fest: Mit $Z, W \in \mathbf{R}^2$ ist auch $Z + W \in \mathbf{R}^2$. Die Neutralitätseigenschaft (N) besitzt das Paar $N = O = (0, 0) \in \mathbf{R}^2$ (das Nullelement) und nur dieses. Invers (entgegengesetzt) zu Z ist allein das Paar $-Z = (-x, -y) \in \mathbf{R}^2$. Ferner gelten offensichtlich das Assoziativgesetz (A) und das Kommutativgesetz (K) für $+$ in $\mathbf{R}^2$. $\mathbf{R}^2$ bildet also bez. $+$, $N = (0, 0)$, $Z^{\iota} = -Z$ eine additive abelsche Gruppe, d. h. einen Modul.

Unter den gleichen Annahmen wie für $\mathbf{R}^2$ gilt diese Aussage auch für die Menge $\mathbf{R}^3$ aller geordneten Zahlentripel (x, y, z) reeller Zahlen x, y, z und allgemein für den sogenannten $\mathbf{R}^n$ ($n = 1, 2, 3, \dots$; $\mathbf{R}^1 = \mathbf{R}$).

b) Von Interesse (vgl. 2.3.3. a)) ist auch die Menge $\mathbf{Z}^2 \subset \mathbf{R}^2$ aller geordneten Paare $T = (u, v)$ ganzer Zahlen $u, v \in \mathbf{Z}$. Daß $\mathbf{Z}^2$ (wie auch $\mathbf{Z}^3$ und allgemein $\mathbf{Z}^n$) unter den gleichen Annahmen wie jene für $\mathbf{R}^2$ (bzw. $\mathbf{R}^3$ oder $\mathbf{R}^n$) einen Modul bildet, ist offensichtlich.

c) Die Menge der Vektoren $\mathbf{z}$ der Ebene $\mathbf{E}^2$ bildet einen Modul $\mathbf{V}^2$, wenn wir die bekanntlich assoziative und kommutative Vektoraddition gemäß dem Kräfteparallelogramm in $\mathbf{V}^2$ betrachten, für N den Nullvektor $\mathbf{o} \in \mathbf{V}^2$ setzen und als zu $\mathbf{z}$ entgegengesetzten Vektor $-\mathbf{z} \in \mathbf{V}^2$ betrachten.

Die gleiche Aussage gilt für die Menge $\mathbf{V}^3$ der Vektoren des Raumes $\mathbf{R}^3$.

3.2.3. Matrizengruppen

Eine quadratische Matrix A heißt regulär, wenn die Determinante $\det A \neq 0$ *ist, also zu A die inverse Matrix A^{-1} existiert* (vgl. Bd. 13, 1.). *Wenn eine Menge* $\mathbf{M}_n$ *aus regulären n-reihigen Matrizen hinsichtlich der Matrizenmultiplikation · als Verknüpfung ∘ in* $\mathbf{M}_n$ *eine Gruppe bildet, heißt diese lineare Matrizengruppe – kurz Matrizengruppe.* Im folgenden betrachten wir die klassischen Matrizengruppen, die uns interessieren. **K** sei dabei der Körper der komplexen Zahlen, der **R** umfaßt.

3.2.3.1. Die allgemeine lineare Gruppe GL(n, **K**)

$\mathbf{M}_n$ sei die Menge aller regulären Matrizen $A = [a_{\nu\mu}]$, $a_{\nu\mu} \in \mathbf{K}$; $\nu, \mu = 1, \ldots, n$. Mit $A, B \in \mathbf{M}_n$ ist auch das Matrizenprodukt $A \cdot B$ regulär. Nach dem Multiplikationssatz für Determinanten ist nämlich $\det (A \cdot B) = \det A \det B \neq 0$. Ferner folgt aus $A \in \mathbf{M}_n$ auch $A^{-1} \in \mathbf{M}_n$, denn wegen $A \cdot A^{-1} = E$ ist $\det (A \cdot A^{-1}) = \det A \det A^{-1} = \det E = 1$, also $\det A^{-1} \neq 0$.

Bekanntlich ist die Matrizenmultiplikation · assoziativ, also gilt Axiom (A). Ferner stellen wir fest, daß die Einheitsmatrix $E \in \mathbf{M}_n$ und nur diese die in (N) geforderte Neutralitätseigenschaft bez. · besitzt und die zu $A \in \mathbf{M}_n$ inverse Matrix $A^{-1} \in \mathbf{M}_n$ Axiom (I) erfüllt.

Bezüglich ·, $N = E$, $A^\iota = A^{-1}$ bildet $\mathbf{M}_n$ eine multiplikative Gruppe – die sogenannte *allgemeine lineare Gruppe* GL(n, **K**). Schränken wir **K** auf **R** ein, so können wir für sie auch kürzer GL(n) schreiben.

3.2.3.2. Die orthogonale Gruppe O(n)

Die Matrix $A^\iota = [a_{\mu\nu}]$ nennen wir zu $A = [a_{\nu\mu}]$ transponiert. Eine n-reihige quadratische Matrix A heißt orthogonal, wenn $A \cdot A^{\mathrm{T}} = E$ ist (E: *Einheitsmatrix*). Wegen $\det (A \cdot A^{\mathrm{T}}) = \det A \det A^{\mathrm{T}}$, $\det A^{\mathrm{T}} = \det A$ und $\det E = 1$ gilt $\det A = \pm 1 \neq 0$. Eine orthogonale Matrix A ist also regulär: $A \in \mathbf{GL}(n)$.

Es sei $\mathbf{O}(n) \subset \mathbf{GL}(n)$ die Menge aller n-reihigen orthogonalen Matrizen. Mit $A, B \in \mathbf{O}(n)$ ist auch $A \cdot B \in \mathbf{O}(n)$. Wegen $A \cdot A^{\mathrm{T}} = B \cdot B^{\mathrm{T}} = E$ ist nämlich $(A \cdot B)(A \cdot B)^{\mathrm{T}} = (A \cdot B) \cdot (B^{\mathrm{T}} \cdot A^{\mathrm{T}}) = A \cdot (B \cdot B^{\mathrm{T}}) \cdot A^{\mathrm{T}} = E$. Ferner ist mit $A \in \mathbf{O}(n)$, auch $A^{-1} \in \mathbf{O}(n)$, denn wegen $A^{\mathrm{T}} = A^{-1}$ und $(A^{\mathrm{T}})^{\mathrm{T}} = A$ ist $A^{-1} \cdot (A^{-1})^{\mathrm{T}} = A^{-1} \cdot (A^{\mathrm{T}})^{\mathrm{T}} = E$.

Da die Matrizenmultiplikation auch in $\mathbf{O}(n)$ assoziativ ist, da ferner $N = E \in \mathbf{O}(n)$ die einzige Matrix mit der Neutralitätseigenschaft (N) und $A^{-1} \in \mathbf{O}(n)$ die einzige gemäß (I) zu $A \in \mathbf{O}(n)$ inverse Matrix ist, bildet $\mathbf{O}(n)$ eine multiplikativ geschriebene Gruppe. $\mathbf{O}(n)$ *heißt orthogonale Gruppe* (*auch vollständige orthogonale Gruppe*).

3.2.3.3. Die eigentlich orthogonale Gruppe O$^+$(n)

Es sei $\mathbf{O}^+(n) \subset \mathbf{O}(n)$ die Menge aller orthogonalen n-reihigen Matrizen A mit $\det A = 1$. Sie heißen *eigentlich orthogonal.*

Mit $A, B \in \mathbf{O}^+(n)$ ist auch $A \cdot B \in \mathbf{O}^+(n)$. Mit A und B ist nämlich auch $A \cdot B$ orthogonal, und wegen $\det A = \det B = 1$ gilt $\det (A \cdot B) = \det A \det B = 1$. Ferner ist mit $A \in \mathbf{O}^+(n)$ auch $A^{-1} \in \mathbf{O}^+(n)$, denn A^{-1} ist orthogonal und $\det (A \cdot A^{-1}) = \det A \det A^{-1} = 1 \det A^{-1} = 1$.

In $\mathbf{O}^+(n)$ gelten offensichtlich das Axiom (A), für $N = E \in \mathbf{O}^+(n)$ das Axiom (N) und für $A^{-1} \in \mathbf{O}^+(n)$ als inverse Matrix zu A auch (I). $\mathbf{O}^+(n)$ besitzt diesbezüglich die Struktur einer multiplikativen Gruppe. $\mathbf{O}^+(n)$ *heißt eigentlich orthogonale Gruppe.*

3.2.3.4. Die unitäre Gruppe U(n)

Es sei $U = [u_{\nu\mu}]$ eine n-reihige quadratische Matrix, deren Elemente $u_{\nu\mu} = x_{\nu\mu} + i y_{\nu\mu} \in \mathbf{K}$ komplexe Zahlen sind. *Die zu $u_{\nu\mu}$ konjugiert komplexen Zahlen $\bar{u}_{\nu\mu} = x_{\nu\mu} - i y_{\nu\mu}$ bilden dann die zu U konjugiert komplexe Matrix $\bar{U} = [\bar{u}_{\nu\mu}]$. U heißt unitär,* *wenn* $U \cdot \bar{U}^T = E$ gilt. Wegen det $\bar{U}^T = $ det $\bar{U} = \overline{\det U}$ und det $E = 1$ folgt aus det $(U \cdot \bar{U}^T) = $ det U det $\bar{U}^T$ für den Betrag von det U: $|\det U| = 1$. det U ist also eine unimodulare Zahl. U ist eine reguläre Matrix, also $U \in$ GL$(n, \mathbf{K})$.

Es sei U$(n) \subset$ GL$(n, \mathbf{K})$ die Menge aller n-reihigen unitären Matrizen. Mit U_1, $U_2 \in$ U(n) ist auch $U_1 \cdot U_2 \in$ U(n), denn mit $U_1 \cdot \bar{U}_1^T = U_2 \cdot \bar{U}_2^T = E$ gilt $(U_1 \cdot U_2)$ $\times \overline{(U_1 \cdot U_2)}^T = (U_1 \cdot U_2) \cdot (\bar{U}_1 \cdot \bar{U}_2)^T = (U_1 \cdot U_2) \cdot (\bar{U}_2^T \cdot \bar{U}_1^T) = U_1 \cdot (U_2 \cdot \bar{U}_2^T) \cdot \bar{U}_1^T = E$. Ferner folgt $U^{-1} \in$ U(n) aus $U \in$ U(n): Daß U unitär ist, bedeutet $\bar{U}^T = U^{-1}$, und damit gilt $\overline{U^{-1}}^T = (\bar{U}^{-1})^T = (\bar{U}^T)^{-1} = (U^{-1})^{-1} = U$. Also ist $U^{-1} \cdot \overline{U^{-1}}^T = U^{-1} \cdot U = E$.

In U(n) gilt das Assoziativgesetz (A), für $N = E \in$ U(n) ist (N) erfüllt, und $U^{-1} \in$ U(n) ist die einzige gemäß (I) zu $U \in$ U(n) inverse Matrix. U(n) *ist also eine multiplikative Gruppe – die unitäre Gruppe.*

3.2.3.5. Die eigentlich unitäre Gruppe SU(n)

Eigentlich unitär heißt eine Matrix $U \in$ U(n), *wenn für sie* det $U = 1$ *ist.* Ganz so wie die eigentlich orthogonale Gruppe bildet auch die Menge der eigentlich unitären Matrizen SU$(n) \subset$ U(n) eine multiplikative Gruppe – die *eigentlich unitäre Gruppe.*

3.2.3.6. Die reelle und die komplexe spezielle lineare Gruppe SL(n) und SL$(n, \mathbf{K})$

Nach dem Vorbild der Gruppen SU(n) bzw. O$^+(n)$ bildet auch die Menge der Matrizen $A \in$ GL$(n, \mathbf{K})$ mit det $A = 1$ bez. der Matrizenmultiplikation eine multiplikative Gruppe. *Für* $\mathbf{K}$ *bzw.* $\mathbf{R}$ *heißt sie komplexe bzw. reelle spezielle lineare Gruppe und trägt die Bezeichnung* SL$(n, \mathbf{K})$ *bzw.* SL$(n, \mathbf{R}) = $ SL(n).

3.2.3.7. Die Enthaltenseinsbeziehungen zwischen den Matrizengruppen

Es gilt offensichtlich für $\mathbf{R}$ (und analog für $\mathbf{K}$):

$$\begin{array}{ccc} \mathbf{O}^+(n) & \subset & \mathbf{SL}(n) \\ \cap & & \cap \\ \mathbf{O}(n) & \subset & \mathbf{GL}(n). \end{array}$$

Als Mengendiagramm ist dieser Sachverhalt in Bild 3.1 dargestellt.

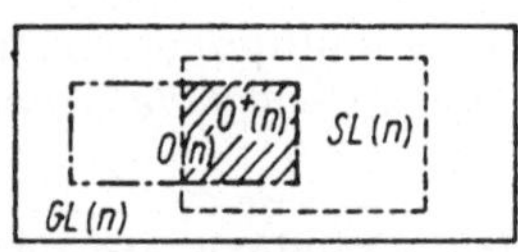

Bild 3.1. Enthaltenseinsbeziehungen zwischen Matrizengruppen. Vgl. auch 3.4.2.c)

3.2.4. Permutationsgruppen

Einzelheiten zu Permutationen sind in Bd. 1 dieser Reihe, 6.2., dargestellt.

a) *Begriff der Permutation*

Beispiel 3.2: Im Allen-Molekül bezeichnen wir die vier H-Atome H_1, H_2, H_3, H_4 nur noch mit 1, 2, 3, 4 (Bild 2.2(a), (c)). Wir betrachten die Drehspiegelung $S_4 \in$ D$_{2d}$. Durch S_4 geht über: 1 auf den Platz von 2 ($S_4(1) = 2$), 2 auf 3 ($S_4(2) = 3$), 3 auf 4 ($S_4(3) = 4$), 4 auf 1 ($S_4(4) = 1$). In übersichtlicher Weise läßt sich die Wirkung von S_4 auf das Molekül dann durch das Schema $\pi_1 = \begin{pmatrix} 1 & 2 & 3 & 4 \\ 2 & 3 & 4 & 1 \end{pmatrix}$ beschreiben. Dieses bezeichnen wir deshalb nicht mit S_4, weil es nur den Wechsel der Plätze der Atome

beschreibt, nicht aber die Bewegung des Raumes. In π_1 ist es allein wichtig zu wissen, welches Atom Nr. α durch S_4 den Platz von welchem Atom Nr. β eingenommen hat, also daß in π_1 α über β steht ($\alpha, \beta = \{1, 2, 3, 4\}$).
Daher sind als gleich zu betrachten die Schemata

$$\pi_1 = \begin{pmatrix} 3 & 2 & 4 & 1 \\ 4 & 3 & 1 & 2 \end{pmatrix} = \begin{pmatrix} 2 & 4 & 1 & 3 \\ 3 & 1 & 2 & 4 \end{pmatrix} = \begin{pmatrix} 4 & 3 & 2 & 1 \\ 1 & 4 & 3 & 2 \end{pmatrix} = \cdots$$

Definition 3.3: *Die durch das Schema* $\pi = \begin{pmatrix} 1 & 2 & \cdots & \alpha & \cdots & n \\ p_1 & p_2 & \cdots & p_\alpha & \cdots & p_n \end{pmatrix}$ *erklärte eineindeutige* **D.3.3**
Abbildung $\pi(\alpha) = p_\alpha$ *der Zahlenmenge* $\{1, 2, \ldots, \alpha, \ldots, n\}$ *auf sich heißt eine* **Permutation** *der Elemente* $1, \ldots, n$*. Die Permutationen* π *und* ϱ *nennen wir* **gleich**, $\pi = \varrho$, *genau dann, wenn* $\pi(\alpha) = \varrho(\alpha)$ *für alle* $\alpha = 1, \ldots, n$ *gilt.* $\varepsilon = \begin{pmatrix} 1 & 2 & \cdots & n \\ 1 & 2 & \cdots & n \end{pmatrix}$
heißt **identische** *Permutation,* $\pi^{-1} = \begin{pmatrix} p_1 & p_2 & \cdots & p_n \\ 1 & 2 & \cdots & n \end{pmatrix}$ *heißt die zu* π **inverse** *Permutation.*

Beispiel 3.3: Nach dem Vorbild von Beispiel 3.2 stellen wir zu jeder der Symmetrieoperationen E, S_4, S_4^2, S_4^3, C_2', $\ldots \in \mathbf{D}_{2d}$ die entsprechende Permutation von 1, 2, 3, 4 fest und notieren sie in der Tafel 3.1. Ferner ermitteln wir die zugehörigen inversen Permutationen. Zu π_1 z. B. gehört $\pi_1^{-1} = \begin{pmatrix} 2 & 3 & 4 & 1 \\ 1 & 2 & 3 & 4 \end{pmatrix} = \begin{pmatrix} 1 & 2 & 3 & 4 \\ 4 & 1 & 2 & 3 \end{pmatrix} = \pi_3$.

Tafel 3.1

Symmetrie-operation	Permutation	Zyklen-darstellung	Inverse Symmetrie-operation	Inverse Permutation
E	$\varepsilon = \begin{pmatrix} 1 & 2 & 3 & 4 \\ 1 & 2 & 3 & 4 \end{pmatrix}$	$= (1)\,(2)\,(3)\,(4)$	E	ε
S_4	$\pi_1 = \begin{pmatrix} 1 & 2 & 3 & 4 \\ 2 & 3 & 4 & 1 \end{pmatrix}$	$= (1\,2\,3\,4)$	S_4^3	π_3
S_4^2	$\pi_2 = \begin{pmatrix} 1 & 2 & 3 & 4 \\ 3 & 4 & 1 & 2 \end{pmatrix}$	$= (1\,3)\,(2\,4)$	S_4^2	π_2
S_4^3	$\pi_3 = \begin{pmatrix} 1 & 2 & 3 & 4 \\ 4 & 1 & 2 & 3 \end{pmatrix}$	$= (1\,4\,3\,2)$	S_4	π_1
C_2'	$\gamma_1 = \begin{pmatrix} 1 & 2 & 3 & 4 \\ 2 & 1 & 4 & 3 \end{pmatrix}$	$= (1\,2)\,(3\,4)$	C_2'	γ_1
C_2''	$\gamma_2 = \begin{pmatrix} 1 & 2 & 3 & 4 \\ 4 & 3 & 2 & 1 \end{pmatrix}$	$= (1\,4)\,(2\,3)$	C_2''	γ_2
σ_d'	$\sigma_1 = \begin{pmatrix} 1 & 2 & 3 & 4 \\ 1 & 4 & 3 & 2 \end{pmatrix}$	$= (1)\,(2\,4)\,(3)$	σ_d'	σ_1
σ_d''	$\sigma_2 = \begin{pmatrix} 1 & 2 & 3 & 4 \\ 3 & 2 & 1 & 4 \end{pmatrix}$	$= (1\,3)\,(2)\,(4)$	σ_d'	σ_2

b) *Verknüpfung von Permutationen*

Beispiel 3.4: $\pi_1 \cdot \gamma_1 = \begin{pmatrix} 1 & 2 & 3 & 4 \\ 2 & 3 & 4 & 1 \end{pmatrix} \cdot \begin{pmatrix} 1 & 2 & 3 & 4 \\ 2 & 1 & 4 & 3 \end{pmatrix}$ soll folgende Permutation der Zahlen 1, 2, 3, 4 bedeuten: Durch γ_1 wird 1 in 2, durch π_1 2 in 3 überführt. $\pi_1 \cdot \gamma_1$ überführe dann 1 in 3. Analog gilt $\gamma_1: 2 \to 1$, $\pi_1: 1 \to 2$, also gelte jetzt $\pi_1 \cdot \gamma_1: 2 \to 2$ usw.

Insgesamt erhalten wir $\pi_1 \cdot \gamma_1 = \begin{pmatrix} 1 & 2 & 3 & 4 \\ 3 & 2 & 1 & 4 \end{pmatrix} = \sigma_2$, und dem entspricht das Produkt $S_4 \cdot C_2' = \sigma_d''$ der zugehörigen Symmetrieoperationen (Tafeln 2.1, 3.1). Wir können leicht feststellen, daß solche Entsprechungen für alle Permutationen bzw. Symmetrieoperationen zum Allen-Molekül gelten (benutze Tafeln 2.1 und 3.2).

D.3.4 Definition: *Unter dem Produkt der Permutationen π und τ der Zahlen $1, 2, \ldots$, $\alpha, \ldots, n$ verstehen wir jene Permutation $\pi \cdot \tau$ von $1, \ldots, n$, die wir erhalten, wenn wir zuerst die Abbildung τ und daraufhin π ausführen: $\pi \cdot \tau(\alpha) = \pi(\tau(\alpha))$ für $\alpha = 1, 2, \ldots, n$.*

Bemerkung: Mit Rücksicht auf die gleiche Absprache für das Produkt aus Symmetrieoperationen in 2.3.1.7. führen wir in $\pi \cdot \tau$ ausdrücklich *zuerst* τ aus und *dann* π.

Wir stellen fest (Tafel 3.2):

(1)　　*Das Permutationsprodukt ist i. allg. nicht kommutativ. Wir finden z. B. $\gamma_1 \cdot \pi_1 = \sigma_1$ abweichend von $\pi_1 \cdot \gamma_1 = \sigma_2$.*

(2)　　*Die identische Permutation, und nur sie, verhält sich neutral: $\varepsilon \cdot \pi = \pi \cdot \varepsilon = \pi$ gilt für jede beliebige Permutation π.*

(3)　　*Das Produkt aus π und π^{-1} liefert stets ε: $\pi \cdot \pi^{-1} = \pi^{-1} \cdot \pi = \varepsilon$. Nur π^{-1} ist zu π invers (Tafel 3.1).*

c) *Permutationsgruppen*

Es gibt bekanntlich $n!$ verschiedene Möglichkeiten, die Elemente $1, 2, \ldots, n$ nebeneinander anzuordnen, d. h., es gibt genau $n!$ verschiedene Permutationen der Zahlen $1, 2, \ldots, n$. Die Menge dieser Permutationen bezeichnen wir allgemein mit $\mathfrak{S}_n$.

Tafel 3.2. Gruppentafel der Gruppe Π_4 der Permutationen, die das Allen-Molekül gestattet

ε	π_1	π_2	π_3	γ_1	γ_2	σ_1	σ_2
π_1	π_2	π_3	ε	σ_2	σ_1	γ_1	γ_2
π_2	π_3	ε	π_1	γ_2	γ_1	σ_2	σ_1
π_3	ε	π_1	π_2	σ_1	σ_2	γ_2	γ_1
γ_1	σ_1	γ_2	σ_2	ε	π_2	π_1	π_3
γ_2	σ_2	γ_1	σ_1	π_2	ε	π_3	π_1
σ_1	γ_2	σ_2	γ_1	π_3	π_1	ε	π_2
σ_2	γ_1	σ_1	γ_2	π_1	π_3	π_2	ε

Nach b) wissen wir: mit $\pi, \tau \in \mathfrak{S}_n$ ist auch $\pi \cdot \tau \in \mathfrak{S}_n$. Wir überprüfen ferner, daß diese Multiplikation assoziativ ist: $\pi \cdot (\tau \cdot \varrho) = (\pi \cdot \tau) \cdot \varrho$ gilt für alle $\pi, \tau, \varrho \in \mathfrak{S}_n$. Nach b), (1), (2) und (3) wissen wir daher: bezüglich der Multiplikation von Permutationen, der identischen Permutation ε als Einselement und π^{-1} als der zu π inversen Permutation bildet $\mathfrak{S}_n$ eine multiplikative nichtkommutative Gruppe.

D.3.5 Definition 3.5: $\mathfrak{S}_n$ *heißt symmetrische Gruppe (der Ordnung $n!$)*

Beispiele 3.5: Die $3! = 6$ verschiedenen Permutationen der Dinge $1, 2, 3$ bilden die symmetrische Gruppe $\mathfrak{S}_3$. – Vier Dinge verursachen die Gruppe $\mathfrak{S}_4$ der Ordnung $4! = 24$. – Greifen wir aus $\mathfrak{S}_4$ jene Permutationen heraus, die das Allen-Molekül gestattet (Tafel 3.1), so bilden diese bereits eine Gruppe $\Pi_4 \subset \mathfrak{S}_4$ für sich – eine sogenannte *Untergruppe* von $\mathfrak{S}_4$. Die Gruppentafel von Π_4 zeigt Tafel 3.2.

Bemerkung: Ein Molekül, das u. a. n gleichartige Atome besitzt, gestattet also i. allg. nicht die Gesamtheit aller $n!$ Permutationen der σ_n. Es kann Permutationen geben, die wie z. B. $\varrho = \begin{pmatrix} 1 & 2 & 3 & 4 \\ 1 & 4 & 2 & 3 \end{pmatrix} \in \sigma_4$ bei Allen (Bild 2.2) Bindungen zwischen Atomen zerreißen und so keiner Deckbewegung des Kerngerüsts entsprechen. Deshalb ist $\varrho \neq \Pi_4$.

d) *Gerade und ungerade Permutationen*

Definition: *Die Spalten $\genfrac{}{}{0pt}{}{\alpha}{p_\alpha}\ \genfrac{}{}{0pt}{}{\beta}{p_\beta}$ in der Permutation π stehen in Inversion, wenn $\alpha < \beta$,* **D.3.6** *aber $p_\alpha > p_\beta$ gilt. π heißt (un-)gerade, wenn in π eine (un-)gerade Anzahl von Inversionen auftritt.*

Beispiel 3.6: π_1 (Tafel 3.1) besitzt drei Inversionen, ist also ungerade. Ferner sind $\pi_3, \sigma_1, \sigma_2$ ungerade, $\varepsilon, \pi_2, \gamma_1, \gamma_2$ dagegen gerade Permutationen. Letztere entsprechen den (eigentlichen) Drehungen, erstere den Drehspiegelungen und Spiegelungen am Allen-Molekül.

Ohne Beweis – aber am Beispiel der Gruppe $\mathfrak{S}_3$ leicht zu demonstrieren – nehmen wir zur Kenntnis: *Die geraden Permutationen in der Gruppe $\mathfrak{S}_n$ bilden eine Gruppe der Ordnung $n!/2$, die sogenannte alternierende Gruppe $\mathfrak{A}_n$.*

e) *Zyklenschreibweise von Permutationen*

Beispiel 3.7: Wir beobachten (Tafel 3.1), daß in π_1 $1 \to 2$, $2 \to 3$, $3 \to 4$, $4 \to 1$ ineinander übergehen, was wir kurz durch $\pi_1 = (1\ 2\ 3\ 4)$ bezeichnen und einen *Zyklus* nennen wollen. In π_2 liegen demgemäß zwei Zyklen vor: $1 \to 3$, $3 \to 1$ verursacht den Zyklus $(1\ 3)$ und $2 \to 4$, $4 \to 2$ den Zyklus $(2\ 4)$. Deshalb schreiben wir $\pi_2 = (1\ 3)(2\ 4)$. In der Tafel 3.1 sind sämtliche Elemente von Π_4 in dieser Zyklenschreibweise angegeben.

3.3. Rechnen in Gruppen, Isomorphie, Homomorphie

3.3.1. Rechnen in multiplikativ geschriebenen Gruppen G

a) *Produkte aus n Elementen*

Produkte aus drei Elementen $A, B, C \in \mathbf{G}$ erhalten dadurch ihren Sinn, daß wir sie auf die bereits erklärten Produkte aus zwei Faktoren zurückführen: Wir können definieren

$$A \cdot B \cdot C = A \cdot (B \cdot C) \quad \text{oder} \quad A \cdot B \cdot C = (A \cdot B) \cdot C,$$

was aber nach dem Assoziativgesetz (A) zum gleichen Resultat führt. Allgemein gilt (nach induktiven Überlegungen) für beliebige $A_1, A_2, \ldots, A_n \in \mathbf{G}$, $n \in \mathbf{N}$:

$$A_1 \cdot A_2 \ldots A_n = A_1 \cdot (A_2 \ldots A_n).$$

b) *Potenz*

Falls $A_1 = A_2 = \ldots = A_n = A$ ist, schreiben wir obiges Produkt als Potenz

$$A_1 \cdot A_2 \ldots A_n = A \cdot A \ldots A = A^n.$$

Dann gelten offensichtlich die *Potenzgesetze*

$$A^m \cdot A^n = A^{m+n}, \quad (A^m)^n = A^{mn}; \quad m, n \in \mathbf{N}.$$

Definieren wir ferner

$$A^0 = E \text{ (Einselement von } \mathbf{G}) \text{ und } A^{-m} = (A^{-1})^m, \quad m \in \mathbf{N},$$

so dürfen $n, m \in \mathbf{Z}$ auch ganze Zahlen sein. Aus $X = (A \cdot B)^{-1}$ folgt $X \cdot A \cdot B = E$, d. h. $X = B^{-1} \cdot A^{-1}$. Also gilt

$$(A \cdot B)^{-1} = B^{-1} \cdot A^{-1} \text{ für beliebige } A, B \in \mathbf{G}.$$

c) *Gleichungen*

Ein unbekanntes Element (*Unbekannte*) $X \in \mathbf{G}$, das für gegebene Elemente $A, B \in \mathbf{G}$ der Gleichung $A \cdot X = B$ genügt, bestimmen wir durch Multiplikation der Gleichung von links her mit A^{-1}: $A^{-1} \cdot (A \cdot X) = (A^{-1} \cdot A) \cdot X = E \cdot X = X = A^{-1} \cdot B$. Analog wird die Gleichung $X \cdot A = B$ durch $X = B \cdot A^{-1}$ erfüllt. Die Lösungen sind jeweils eindeutig bestimmt.

3.3.2.   Rechnen in additiv geschriebenen Gruppen G

Alles vollzieht sich so wie bei den Produkten in 3.3.1.; wir definieren für beliebige $A, B, C, A_j \in \mathbf{G}$ $(j = 1, \ldots, n; n \in \mathbf{N})$:

a) $A + B + C = A + (B + C)$ bzw. allgemein $A_1 + A_2 + \ldots + A_n = \sum\limits_{\nu=1}^{n} A_\nu$
$= A_1 + (A_2 + \ldots + A_n)$,

b) $A + A + \ldots + A = nA$ für n Summanden $A(= A_1 = A_2 \ldots = A_n)$. Dann gelten die Rechenregeln

$$mA + nA = (m + n)A \quad \text{und} \quad m(nA) = mnA; \quad m, n \in \mathbf{N}.$$

Definieren wir noch

$$0A = O \ (O: \text{Nullelement von } \mathbf{G}, 0 \in \mathbf{Z}) \quad \text{und} \quad -mA = m(-A), \quad m \in \mathbf{N},$$

so gelten diese Regeln auch für $m, n \in \mathbf{Z}$. Ferner können wir zeigen:

$$-(A + B) = -B - A$$

und für abelsche Gruppen $n(A + B) = nA + nB, \quad n \in \mathbf{Z}$.

c) Die Auflösung einer Gleichung $A + X = B$ für gegebene Elemente $A, B \in \mathbf{G}$ nach der Unbekannten $X \in \mathbf{G}$ erfolgt durch die Addition von $-A$ von links zu beiden Seiten der Gleichung. $X = -A + B$ ist die eindeutig bestimmte Lösung. Analog lösen wir $X + A = B$.

3.3.3.   Gruppentafeln

a) Wir betrachten noch einmal die Produkttafeln (Tafeln 2.1, 2.2, 3.2) der Symmetriemengen $\mathbf{D_{2d}}, \mathbf{C_{2h}}$ und der Permutationsgruppe Π_4. Übereinstimmend lesen wir an ihnen u. a. folgende Regelmäßigkeiten ab, die wir nachfolgend nur für $\mathbf{D_{2d}}$ notieren:

(1)   *In jeder Zeile und in jeder Spalte der Matrix aus den Produkten $A \cdot B \in \mathbf{D_{2d}}$ tritt jedes Element aus $\mathbf{D_{2d}}$ genau einmal auf.*

(2)   *Es gibt genau eine Zeile und genau eine Spalte in dieser Matrix, die mit der Eingangszeile bzw. Eingangsspalte der Produkttafel übereinstimmt.*

(3)   *Das durch (2) festgelegte Element $E \in \mathbf{D_{2d}}$ (die Identität bzw. das Einselement) tritt in der Matrix symmetrisch zur Hauptdiagonalen auf.*

(4)   *Multipliziert man die Zeile hinter dem Element B der Eingangsspalte elementweise von links mit $A \in \mathbf{D_{2d}}$, so erhält man die Zeile hinter dem Element $A \cdot B$ der Eingangsspalte.*

D.3.7 Definition 3.7: *Eine Produkttafel aus den Elementen einer endlichen Menge $\mathbf{G}$, die die Eigenschaften (1) bis (4) besitzt, nennen wir* **Gruppentafel** *oder* **(Cayleysche) Strukturtafel** *für $\mathbf{G}$.*

Folgerung 3.1: *Eine endliche Menge $\mathbf{G}$, die mit einer Gruppentafel ausgestattet ist, besitzt die Struktur einer Gruppe.*

Beweis: Das Assoziativgesetz (A) folgt aus (4), die Existenz des Einselementes (E) aus (2), jene des inversen Elementes – also Axiom (I) – folgt aus (1) und (3). ∎

Gilt für die Produkttafel von **G** – so wie z. B. für jene der Symmetriemenge C_{2h} von H_2O_2 – überdies noch die Eigenschaft:

(5)   *Die Matrix aus den Produkten $A \cdot B \in G$ ist (bez. ihrer Hauptdiagonalen) symmetrisch,*

so gilt in **G** das *Kommutativgesetz* (K). **G** ist dann also eine abelsche Gruppe. D_{2d} ist demnach keine abelsche Symmetriegruppe.

Die Eigenschaften (1) bis (5), die Definition 3.7 und die Folgerung 3.1 gelten auch, wenn wir „Multiplikation" durch „Addition" und E durch O ersetzen.

Sind wir im Besitz der Gruppentafel für eine endliche Gruppe G, so beherrschen wir das Rechnen in G vollständig. G kann also durch diese Tafel als gegeben angesehen werden. Beispiel:

b) *Die Kleinsche Vierergruppe:* Zu der endlichen Menge $\{A, B, C, D\}$ geben wir uns den Forderungen (1) bis (5) gemäß folgende Produkttafel vor und konstruieren dadurch auf dieser Menge eine abelsche Gruppenstruktur (Tafel 3.3). Mit dieser Gruppentafel ausgestattet heißt diese Menge die Kleinsche Vierergruppe $V = [A, B, C, D]$. $A = N$ ist das neutrale Element, d. h. entweder das Einselement E oder das Nullelement O in V.

3.3.4. Isomorphie – abstrakte Gruppe – Homomorphie

a) Das Kerngerüst des H_2O-Moleküls (vgl. Bild 2.5) gestattet die Drehung C_2 des E^3 um 180° um die (Haupt-)Drehachse C_2, die beiden Spiegelungen σ'_v, σ''_v an den Spiegelebenen σ'_v, σ''_v des Moleküls und natürlich die Identität E. Ausgestattet mit Tafel 3.4 als Gruppentafel bildet die Symmetriemenge $\{E, C_2, \sigma'_v, \sigma''_v\}$ dann die Symmetriegruppe $C_2 = [E, C_2, \sigma'_v, \sigma''_v]$ des H_2O-Moleküls.

Tafel 3.3. Gruppentafel der Kleinschen Vierergruppe

	A	B	C	D
A	A	B	C	D
B	B	A	D	C
C	C	D	A	B
D	D	C	B	A

Tafel 3.4. Gruppentafel der Symmetriegruppe C_{2v} des H_2O-Moleküls

	E	C_2	σ'_v	σ''_v
E	E	C_2	σ'_v	σ''_v
C_2	C_2	E	σ''_v	σ'_v
σ'_v	σ'_v	σ''_v	E	C_2
σ''_v	σ''_v	σ'_v	C_2	E

b) Auf diese Tafel 3.4 legen wir nun passend (erste Zeile bzw. erste Spalte auf erste Zeile bzw. erste Spalte) die Tafel 2.2 der Symmetriegruppe C_{2h} des H_2O_2-Moleküls. Ferner abstrahieren wir von der konkreten Bedeutung der Gruppenelemente, indem wir diese nach der Reihenfolge ihres Eingangs in die Tafeln neutral durch A, B, C, D umbezeichnen.

Dabei stellen wir fest: (1) Die Gruppentafeln von C_{2h} und C_{2v} stimmen überein (sie sind deckungsgleich); (2) sie stellen gerade die Gruppentafel (Tafel 3.3) der Kleinschen Vierergruppe V dar.

Definition 3.8: *Zwei endliche Gruppen G, G' heißen zueinander isomorph, in Zeichen:* **D.3.8**
$G \cong G'$, *wenn ihre Gruppentafeln übereinstimmen – gegebenenfalls nach geeigneter*

Vertauschung der Elemente ihrer Eingangszeilen bzw. Eingangsspalten und Abstraktion von der konkreten Bedeutung ihrer Elemente.

Die Tafeln 3.3 und 3.4 sind so angegeben, daß für (1) eine solche Vertauschung unnötig ist; allgemein ist jedoch keine Reihenfolge für die Elemente einer Tafel vorgeschrieben.

Beispiele 3.8: Demnach gilt also $C_{2h} \cong C_{2v}$. Weitere Isomorphismen lauten: $C_{2h} \cong C_{2d}$, $C_{2v} \cong C_{2d}$, $C_{2h} \cong D_2$, $C_{2v} \cong D_2$, $C_{2d} \cong D_2$. Dabei bedeuten $C_{2d} = [E, C_2, \sigma'_d, \sigma''_d]$ und $D_2 = [E, C_2, C'_2, C''_2]$ jene Gruppen, die wir als Teilmengen der Symmetriegruppe D_{2d} des Allen-Moleküls nach deren Gruppentafel (Tafel 2.1) erhalten ($C_2 = S_4^2$; vgl. auch Tab. 3.4.2. b)). Die Feststellung (2) trifft offenbar auch auf die Gruppen C_{2d} und D_2 zu. Die Kleinsche Vierergruppe **V** ist also der gemeinsame Vertreter der Gruppen C_{2d}, C_{2h}, C_{2v}, D_2 und in diesem Sinn der Vertreter der Klasse aller zueinander isomorphen Gruppen $C_{2d} \cong C_{2h} \cong C_{2v} \cong \ldots$

Diese nennen wir eine **Isomorphieklasse** *und die Kleinsche Vierergruppe als Repräsentant der Klasse* **abstrakte Gruppe**. In dieser Bedeutung verwenden wir die beiden am Beispiel eingeführten Begriffe ganz allgemein.

Der Vergleich der Tafeln 2.1 und 3.2 zeigt: Die Symmetriegruppe des Allen-Moleküls ist isomorph zur Gruppe Π_4 der Permutationen, die dieses Molekül gestattet. Es ist nicht schwer, die Symmetriegruppe C_{4v} des Moleküls SF_5Cl (Bild 2.1g) zu ermitteln und festzustellen, daß auch sie zu D_{2d} isomorph ist: $\Pi_4 \cong D_{2d} \cong C_{4v}$ liegen in einer Isomorphieklasse.

c) Aufgrund des Gleichheitsbegriffes für Symmetrieoperationen bzw. Permutationen können zwei verschiedene solche Operationen mitunter die gleiche Permutation der Atome an einem Molekül hervorbringen (wie z. B. an H_2O in Bild 2.5 C_2 und σ'_v oder E und σ''_v). Dann ist die Eineindeutigkeit der Abbildung zwischen der Symmetriegruppe und der entsprechenden Permutationsgruppe, die das Molekül gestattet, gestört, und statt eines Isomorphismus zwischen diesen beiden Gruppen kann man gemäß 3.3.4.f) i. allg. nur noch von einem Homomorphismus sprechen (Beispiel: H_2O oder CO_2).

d) *Das Rechnen in zueinander isomorphen Gruppen – also in einer Isomorphieklasse – vollzieht sich nach ein und demselben Rechenschema (Kalkül). Wir sagen auch, die Gruppen einer Klasse haben die gleiche Gruppenstruktur.* Es genügt also z. B., Gruppentheorie in der Kleinschen Vierergruppe **V** zu treiben, um sogleich über die gruppentheoretischen Eigenschaften aller Gruppen der Isomorphieklasse zu **V** Bescheid zu wissen, und dies gilt ganz allgemein. Molekülen, deren Symmetriegruppen zur gleichen abstrakten Gruppe gehören, gleichen sich in jenen Eigenschaften, die allein von dieser Gruppe abhängen, und können so zu einer (Isomorphie-)Klasse zusammengefaßt werden.

Eine Gruppe, in der nicht wie in **V** gerechnet wird, die also nicht in die Isomorphieklasse $\{C_{2d}, C_{2h}, C_{2v}, D_2, \ldots\}$ gehört, ist z. B. $S_4 = [E, S_4, S_4^2, S_4^3] \subset D_{2d}$, deren Gruppentafel durch die linke obere Teilmatrix innerhalb der Tafel 2.1 zu D_{2d} gebildet wird. S_4 liegt in einer Isomorphieklasse, zu der als abstrakte Gruppe die zyklische Gruppe Z_4 der Ordnung 4 (vgl. 3.5.1.) gehört.

Zu vorgegebener natürlicher Zahl g gibt es eine endliche Anzahl $n = n(g)$ verschiedener abstrakter Gruppen der Ordnung g, z. B.:

g	1	2	3	4	5	6	7	8	12	24	48
$n(g)$	1	1	1	2	1	2	1	5	5	15	32

e) *Isomorphie zwischen Gruppen beliebiger Ordnung:* Legen wir die Gruppentafeln von zwei endlichen Gruppen $G \cong G'$ übereinander, z. B. die von C_{2v} (Tafel 3.4) auf jene von C_{2h} (Tafel 2.2), so bewirkt dies eine eineindeutige Abbildung[1]) $\varphi: G \to G'$. Jeweils übereinanderliegende Elemente werden aufeinander abgebildet; z. B. ist $\varphi: C_{2h} \to C_{2v}$ durch $\varphi(E) = E$, $\varphi(C_2) = C_2$, $\varphi(\sigma_h) = \sigma_v'$, $\varphi(i) = \sigma_v''$ definiert. φ hat offenbar die Eigenschaft:

$$\varphi(X \circ Y) = \varphi(X) \circ \varphi(Y) \quad \text{für alle } X, Y \in G.$$

Wir sagen dann, *die Abbildung φ ist relationstreu.* Zum Beispiel gilt $\varphi(\sigma_h \cdot i)$ $= \varphi(\sigma_h) \cdot \varphi(i)$, $\varphi(E \cdot i) = \varphi(E) \cdot \varphi(i)$ (Tafel 3.4).

Umgekehrt bedeutet die Existenz einer solchen relationstreuen eineindeutigen Abbildung $\varphi: G \to G'$, daß G zu G' isomorph ist.

G und G' seien jetzt endliche oder unendliche Gruppen.

Definition 3.9: G *heißt zu G' isomorph, in Zeichen $G \cong G'$, wenn es eine eineindeutige* **D.3.9** *relationstreue Abbildung $\varphi: G \to G'$ von G auf G' gibt. φ heißt* **Isomorphismus.**

Man kann nun zeigen, daß die Gesamtheit aller Gruppen in Isomorphieklassen zerfällt, deren jede durch eine abstrakte Gruppe repräsentiert wird. Es gibt also den Rechenschemata nach nur so viele verschiedene Gruppen, wie es abstrakte Gruppen gibt.

Beispiel 3.9: Der Modul V^2 der Vektoren der Ebene E^2 ist isomorph zum Modul R^2 der geordneten Paare reeller Zahlen: $V^2 \cong R^2$ (vgl. 3.2.2.a)). Die Komponentenzerlegung $z = x\mathbf{a} + y\mathbf{b}$ des Vektors $z \in V^2$ bez. der Basis $\{O; \mathbf{a}, \mathbf{b}\}$ bewirkt durch $\varphi(z) = (x, y)$ eine eineindeutige relationstreue Abbildung $\varphi: V^2 \to R^2$ (Bild 3.2). Analog ergibt sich: $V^2 \cong K$ bzw. $R^2 \cong K$ (K: Modul der komplexen Zahlen).

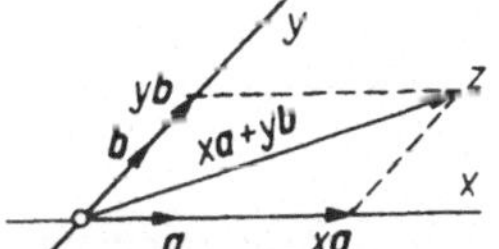

Bild 3.2. Komponentenzerlegung des Vektors z in der Basis $\{O; a, b\}$

f) *Automorphismus, Homomorphismus:* (1) Ist in Definition 3.9 $G = G'$, so ist φ ein Isomorphismus von G auf sich selbst und heißt dann **Automorphismus.** (2) Ist in der Definition φ nicht eineindeutig, sondern nur eindeutig und relationstreu, so heißt $\varphi: G \to G'$ **Homomorphismus** von G auf G', Bezeichnung $G \backsimeq G'$.

Beispiel 3.10: Es seien S bzw. Π die Symmetrie- bzw. Permutationsgruppe, die das Molekül M gestattet. Ordnen wir der Symmetrieoperation $A \in S$ jene Permutation $\pi \in \Pi$ zu, die die Atome von M auf die gleichen Plätze vertauscht wie A, so ist diese Abbildung ein Homomorphismus, $S \backsimeq \Pi$ (vgl. auch 3.3.4.c)).

3.4. Untergruppen

3.4.1. Komplexe, Komplexprodukt

Es sei G eine Gruppe.

Definition 3.10: (1) *Eine nichtleere Teilmenge $A \subset G$ heißt* **Komplex.**   **D.3.10**

(2) *$A^1 \subset G$ bezeichne dann den Komplex aller zu den Elementen $A \in A$ inversen Elementen $A^i \in G$.*

(3) **Komplexprodukt** *(oder* **Komplexsumme***) aus den Komplexen $A, B \subset G$ nennen wir den Komplex $A \circ B \subset G$ aller Elemente $A \circ B \in G$ für $A \in A$ und $B \in B$. Für ein festes Element $F \in G$ sei speziell $F \circ A$ der Komplex aller Elemente $F \circ A$. Entsprechend ist $A \circ F$ definiert.*

---

[1]) Abbildungsbegriff: s. Bd. 1 dieser Reihe.

Beispiel 3.11: Es sei $G = C_{2h} = [E, C_2, \sigma_h, i]$ mit Tafel 2.2 als Produkttafel die Symmetriegruppe von H_2O_2, $A = \{E, C_2\}$, $B = \{E, \sigma_h\}$, $F = i$. Dann gilt: $A \cdot B = \{E \cdot E, E \cdot \sigma_h, C_2 \cdot E, C_2 \cdot \sigma_h\} = \{E, \sigma_h, C_2, i\} = G$ und $F \cdot A = \{i \cdot E, i \cdot C_2\} = \{E, \sigma_h\} = B$.

3.4.2. Begriff der Untergruppe, Beispiele

D.3.11 Definition 3.11: *Der Komplex* $U \subset G$ *heißt* **Untergruppe** *der Gruppe G, wenn U bez. der Verknüpfung $\circ$ von G bereits für sich eine Gruppe bildet.*

Als Komplexe in der Gruppe G bilden demnach G selbst und die Menge $\{N\} \subset G$ aus dem neutralen Element $N \in G$ allein stets Untergruppen von G – die sog. *trivialen* oder *uneigentliche Untergruppen* $[N]$ und G. Beispiele von Untergruppen:

a) Anhand der Gruppentafel der Symmetriegruppe C_{2h} des H_2O_2-Moleküls (Tafel 2.2) können wir sämtliche Untergruppen von C_{2h} feststellen. Zur Ordnung $u = 3$ kann es keine Untergruppe U geben, weil mit je drei Elementen immer gleich alle vier in U liegen. (Die Ordnung einer Untergruppe ist stets Teiler der Ordnung der Gruppe.) Zur Ordnung $u = 1, 2, 4$ treten auf:

u	Untergruppe (zu deren Bezeichnung siehe 5.1.)
1	$C_1 = [E]$ triviale Untergruppe
2	$C_2 = [E, C_2]$ Drehsymmetriegruppen von H_2O_2, $C_s = [E, \sigma_h]$, $C_i = [E, i]$
4	$C_{2h} = [E, C_2, \sigma_h, i]$ triviale Untergruppe

b) Analog zu a) entnehmen wir der Gruppentafel zur Symmetriegruppe D_{2d} des Allen-Moleküls in Tafel 2.1 sämtliche Untergruppen zur Ordnung $u = 1, 2, 4, 8$; zu den Ordnungen 3, 5, 6, 7 gibt es keine Untergruppen:

u	Untergruppen von D_{2d} (zu deren Bezeichnung vgl. 5.; $C_2 = S_4^2$)
1	$C_1 = [E]$ triviale Untergruppe
2	$C_2 = [E, C_2]$, $C_2' = [E, C_2']$, $C_2'' = [E, C_2'']$ Untergruppen der Dreh-$[E, \sigma_d']$, $[E, \sigma_d'']$ symmetriegruppe D_2
4	$D_2 = [E, C_2, C_2', C_2'']$ Drehsymmetriegruppe des Allen-Moleküls $S_4 = [E, S_4, S_4^2, S_4^3] = Z_4$ zyklische[1]) Gruppe der Ordnung 4 $C_{2d} = [E, C_2, \sigma_d', \sigma_d'']$
8	$D_{2d} = [E, S_4, S_4^2, S_4^3, C_2', C_2'', \sigma_d', \sigma_d'']$ triviale Untergruppe

Einen ganz entsprechenden Bestand an Untergruppen besitzt die Gruppe Π_4 der Permutationen, die das Allen-Molekül gestattet.

c) Aus den Enthaltenseinsbeziehungen zwischen den Matrizengruppen 3.2.3.7. folgt sofort, *daß die allgemeine lineare Gruppe* $GL(n)$ *die orthogonale, eigentlich orthogonale und spezielle lineare Gruppe* $O(n), O^+(n), SL(n)$ *zu Untergruppen hat. Dabei ist* $O^+(n)$ *wieder Untergruppe von* $O(n)$ *und* $SL(n)$ (s. Bild 3.1).

Analog ist die Situation für $GL(n, K)$.

---

[1]) siehe 3.5.1.

3.4.3. Untergruppenkriterium

Satz 3.1: *Der Komplex* $U \subset G$ *ist genau dann Untergruppe der Gruppe* G, *wenn gilt:*   S.3.1

$$(1) \quad U \circ U \subset U \quad und \quad (2) \quad U^\iota \subset U.$$

Bemerkung: Ist G *endlich, gilt der Satz bereits, wenn (1) erfüllt ist.*

Beweis: ($\rightarrow$) Gelten (1) und (2), so ist U eine Gruppe: (1) bedeutet Abgeschlossenheit von U bez. $\circ$; (A) gilt in G, also ebenfalls in U; (N) gilt, da mit $B \in U$ nach (2) auch $B^\iota \in U$ ist und nach (1) dann $B \circ B^\iota = B^\iota \circ B = E \in U$ als einziges neutrales Element auftritt; (I) folgt aus (2). ($\leftarrow$) Ist umgekehrt U eine Untergruppe, also eine Gruppe, so sind (1) und (2) als Teilforderungen der Gruppendefinition automatisch erfüllt. ∎

Folgerung 3.2: *Das neutrale Element* $N \in U$ *jeder Untergruppe von* G *ist gerade dasjenige von* G. *Das zu* $A \in U$ *inverse Element* $A^\iota \in U$ *ist gerade das zu* A *inverse bez.* G.

Folgerung 3.3: *Für eine Untergruppe* $U \subset G$ *gilt stets*

$$(1') \quad U \circ U = U \quad und \quad (2') \quad U^\iota = U.$$

Beweis: Wegen $N \in U$ gilt nach (1): $U = [N] \circ U \subset U \circ U \subset U$, und dies ist (1'). (2') gilt, weil aus (2) folgt: $(U^\iota)^\iota \subset U^\iota$; d. h. wegen $(U^\iota)^\iota = U$ gilt neben (2) auch noch $U \subset U^\iota$, und dies bedeutet (2'). ∎

Folgerung 3.4: *Der Komplex aller Elemente* $A \in G$ *der Gruppe* G, *die mit allen Elementen* $X \in G$ *vertauschbar sind:* $A \circ X = X \circ A$, *bildet eine Untergruppe* $\mathfrak{Z}$ *von* G.

Beweis: Für $A, B \in \mathfrak{Z}$ gilt: $(A \circ B) \circ X = A \circ X \circ B = X \circ (A \circ B)$ für alle $X \in G$, also $\mathfrak{Z} \circ \mathfrak{Z} \subset \mathfrak{Z}$. Ferner ist (s. 3.3.1,b)) $A^\iota \circ X = (X^\iota \circ A)^\iota = (A \circ X^\iota)^\iota = (X^\iota)^\iota \circ A^\iota = X \circ A^\iota$, also $\mathfrak{Z}^\iota \subset \mathfrak{Z}$. ∎

Definition 3.12: $\mathfrak{Z} = [A \in G: A \circ X = X \circ A$ für alle $X \in G]$ *heißt das* **Zentrum** *der*   D.3.12
Gruppe G.

Bemerkung: Eine abelsche Gruppe stimmt mit ihrem Zentrum überein.

Beispiel 3.12: Der Gruppentafel (Tafel 2.1) gemäß lautet das Zentrum von D_{2d}: $\mathfrak{Z} = C_2 = [E, S_4^2]$.

3.4.4. Satz von Lagrange, Nebenklassenzerlegung

a) Die Symmetriegruppe C_{2h} des H_2O_2-Moleküls hat die Ordnung $g = 4$. Sie besitzt nach 3.4.2. a) Untergruppen nur zu den Ordnungen $u = 1, 2, 4$, also Zahlen, die Teiler von g sind: $g = j \cdot u$. Den gleichen Sachverhalt beobachten wir an der Symmetriegruppe D_{2d} des Allen-Moleküls, deren Ordnung $g = 8$ nach 3.4.2. b) nur Untergruppenordnungen gestattet, die Teiler von 8 sind, also $u = 1, 2, 4, 8$.

b) Die an diesen beiden Beispielen beobachtete Regel gilt allgemein:

Satz 3.2 (Lagrange[1])): *Die Ordnung* u *einer Untergruppe* U *der endlichen Gruppe* G S.3.2
ist ein Teiler der Ordnung von G, *d. h., zu* U *gibt es eine natürliche Zahl* j, *für die gilt* $g = j \cdot u$.

Definition 3.13: j *heißt* **Index** *von* U, *Bezeichnung:* $j = [G : U]$.   D.3.13

Bemerkung: Die Ordnung der trivialen Untergruppe $[N]$ ist 1. Deshalb gilt: $g = [G : [N]] \cdot 1$ und $u = [U : [N]] \cdot 1$. Folglich lautet der Satz 3.2.: $[G : N] = [G : U] \cdot [U : N]$ (für $[N]$ schreibt man auch N).

---

[1]) Joseph Louis Lagrange (1736–1813), Mathematiker und Physiker, wirkte in Turin, Berlin, Paris.

c) *Nebenklassenzerlegung.* Beweis des Satzes von Lagrange.

D.3.14 Definition 3.14: *Der Komplex* $L \circ U \subset G$ *heißt die vom Element* $L \in G$ *repräsentierte* **Linksnebenklasse** *nach* U, $U \circ R$ **Rechtsnebenklasse** *zu* $R \in G$ *nach* U.

(α) *Zwei Linksnebenklassen* $L_1 \circ U$, $L_2 \circ U$ ($L_1, L_2 \in G$) *sind entweder gleich oder elementfremd.* Denn für $L \in L_1 \circ U$ gilt nach Folgerung 3.3, (1'): $L \circ U = L_1 \circ U$. Aus $L \in L_1 \circ U \cap L_2 \circ U$ folgt demgemäß $L \circ U = L_1 \circ U$ und $L \circ U = L_2 \circ U$. Haben die beiden Klassen ein Element L gemeinsam, so sind sie als Mengen gleich.

(β) *Die Anzahl der Elemente in einer Linksnebenklasse nach* U *ist gleich u.* Denn wäre $L_1 \circ U = L_1 \circ U'$ für $U, U' \in U$ mit $U \neq U'$, so wäre $L_1^{-1} \circ L_1 \circ U = L_1^{-1} \circ L_1 \circ U'$, $E \circ U = E \circ U'$, $U = U'$ im Widerspruch zur Voraussetzung.

(γ) Nach (α) und (β) kann man formulieren:

S.3.3 Satz 3.3: *Eine endliche Gruppe* G *läßt sich als Vereinigung ihrer* j *verschiedenen Linksnebenklassen* $L_\nu \circ U$ ($\nu = 1, \ldots, j$) *nach* U *schreiben:*

(L) $G = L_1 \circ U \cup L_2 \circ U \cup \ldots \cup L_j \circ U$ (o. B. d. A. $L_1 = N$)

wobei offensichtlich $g = j \cdot u$ *sein muß.*

Damit ist der Satz von Lagrange bewiesen. Für $\cup$ wird in (L) oft auch $+$ geschrieben, weil $L_i U \cap L_j U = \emptyset$.

D.3.15 Definition 3.15: (L) *heißt* **Zerlegung** *der Gruppe* G *in Linksnebenklassen nach der Untergruppe* U *von* G, *die Elemente* L_ν ($\nu = 1, \ldots, j$) *heißen die* **Linksrepräsentanten** *der Zerlegung.*

Bemerkung: Wegen $(A \circ B) = B' \circ A$ (3.3.1.b), 3.3.2.b)) und $U' = U$, Folgerung 3.3 (2'), gilt $(L \circ U)^\iota = U^\iota \circ L^\iota = U \circ R$ ($R = L^\iota$). Aus einer Linksnebenklasse wird durch die Invertierung ι eine Rechtsnebenklasse. Wir erhalten so aus (L) eine Rechtsnebenklassenzerlegung (R) von G nach U und damit den

S.3.4 Satz 3.4: *Eine endliche Gruppe* G *besitzt die gleiche Anzahl* j *von Links- und Rechtsnebenklassen nach der Untergruppe* U, *und zwar ist* $j = [G : U]$.

Beispiel 3.13: Als Linksnebenklassenzerlegung der Symmetriegruppe $\mathbf{D}_{2d}$ des Allen-Moleküls nach der Untergruppe $\mathbf{C}_2 = [E, C_2]$, $C_2 = S_4^2$, mit den Linksrepräsentanten E, S_4, C_2', σ_d' finden wir in der Gruppentafel (Tafel 2.1) gemäß

$$\mathbf{D}_{2d} = E \cdot \mathbf{C}_2 \cup S_4 \cdot \mathbf{C}_2 \cup C_2' \cdot \mathbf{C}_2 \cup \sigma_d' \cdot \mathbf{C}_2$$
$$= \{E, C_2\} \cup \{S_4, S_4^3\} \cup \{C_2', C_2''\} \cup \{\sigma_d', \sigma_d''\}.$$

Die Anzahl der verschiedenen Linksnebenklassen beträgt $j = 4$ in Übereinstimmung mit $j = [\mathbf{D}_{2d} : \mathbf{C}_2] = 8 : 2 = 4$ nach dem Lagrangeschen Satz. Die Rechtsnebenklassenzerlegung behandeln wir als Übungsaufgabe.

3.5. Zyklische Gruppen und Systeme erzeugender Elemente

3.5.1. Zyklische Gruppen

Beispiel 3.14: Offensichtlich wird die Untergruppe $S_4 = [E, S_4, S_4^2, S_4^3] \subset \mathbf{D}_{2d}$ der Symmetriegruppe $\mathbf{D}_{2d}$ des Allen-Moleküls (vgl. Tafel 2.1 bzw. 3.3.4. d) oder 3.4.2. b)) von den Potenzen der Drehspiegelung $S_4 \in \mathbf{D}_{2d}$ gebildet (vgl. 2.3.1.2.): $S_4^0 = E$, $S_4^1 = S_4$, S_4^2, S_4^3. Da die Achse S_4 vierzählig (von der Ordnung vier) ist, gilt $S_4^4 = S_4^0$, und vier ist die kleinste unter jenen natürlichen Zahlen n, für die

$S_4^n = S_4^0$ gilt. Das Element S_4 heißt dann selbst von der Ordnung vier, und daraus können wir folgern: $S_4^5 = S_4^4 \cdot S_4^1 = S_4$, $S_4^6 = S_4^4 \cdot S_4^2 = S_4^2$, ..., $S_4^9 = S_4^4 \cdot S_4^4 \cdot S_4^1$ $= S_4$, ... Ferner gilt wegen $S_4^{-1} = S_4^3$ (vgl. 2.3.1.9.): $S_4^{-n} = (S_4^{-1})^n = S_4^{3n} \in \mathbf{S}_4$ ($n = 1, 2, ...$).

Wir ersetzen nun $\mathbf{D}_{2d}$ durch eine beliebige Gruppe $\mathbf{G}$ und S_4 durch ein Element $A \in \mathbf{G}$.

Definition 3.16: $A \in \mathbf{G}$ *heißt von der* **endlichen Ordnung** *a genau dann, wenn* $A^a = A^0$ *= E gilt und dabei a die kleinste natürliche Zahl dieser Eigenschaft ist. Existiert ein solches a nicht, so heißt A von* **unendlicher Ordnung.**   **D.3.16**

Folgerung 3.5: $A \in \mathbf{G}$ *sei ein Element der endlichen Ordnung a. Dann sind die Potenzen* $A^0 = E$, $A^1 = A$, ..., A^{a-1} *zur Basis A untereinander verschieden. Für alle anderen gilt* $A^{ka+m} = A^m$, $0 \leq m \leq a - 1$, $k = \pm 1, \pm 2, ...$ *Ist A von unendlicher Ordnung, sind alle Potenzen von A untereinander verschieden.*

Beweis: – Es sei A von der Ordnung a. Befänden sich unter den A^0, ..., A^{a-1} zwei gleiche: $A^h = A^l$ mit $0 \leq h < l \leq a - 1$, dann würde gelten: $A^{-h} \cdot A^h = E = A^{-h} \cdot A^l$ $= A^{l-h}$, $0 < l - h < a - 1$, was aber der Ordnung a von A widerspräche. – Es gilt $A^{ka} = (A^a)^k = E^k = E$ ($k \in \mathbf{Z}$) und also $A^{ka+m} = A^{ka} \cdot A^m = A^m$. – Es sei A von unendlicher Ordnung. Wäre $A^h = A^k$ ($h, k \in \mathbf{Z}$, $h < k$), so würde dies $A^{-h} \cdot A^h = E$ $= A^{-h} \cdot A^k = A^{k-h}$, also eine endliche Ordnung für A bedeuten. ∎

Definition 3.17: *Eine Gruppe* $\mathbf{G}$, *die aus allen Potenzen* A^k ($k \in \mathbf{Z}$) *eines ihrer Elemente* $A \subset \mathbf{G}$ *besteht, heißt* **zyklische** *oder auch* **von** A **erzeugte Gruppe.** *A heißt* **erzeugendes** *(auch* **primitives)** **Element** *von* $\mathbf{G}$, *und wir schreiben dann* $\mathbf{G} = \langle A \rangle$.   **D.3.17**

Beispiel 3.15: $\mathbf{S}_4 = \langle S_4 \rangle = [S_4^0, S_4^1, S_4^2, S_4^3]$, ($S_4^0 = E$, $S_4^1 = S_4$), ist eine zyklische Gruppe – die zyklische Untergruppe der Ordnung 4 von $\mathbf{D}_{2d}$.

Satz 3.5: *Der Komplex aus allen Potenzen* A^k *zur Basis* $A \in \mathbf{G}$ *bildet eine Untergruppe* $\langle A \rangle \subset \mathbf{G}$ – *die von A erzeugte Untergruppe. Ist A von der endlichen Ordnung a, so gilt* $\langle A \rangle = [A^0, A^1, ..., A^{a-1}]$, ($A^0 = E$, $A^1 = A$), *und* $\langle A \rangle$ *ist selbst von der Ordnung a. Mit A ist auch* $\langle A \rangle$ *von unendlicher Ordnung.* $\langle A \rangle$ *heißt dann freie zyklische Gruppe.*   **S.3.5**

Beweis: $\langle A \rangle \cdot \langle A \rangle \subset \langle A \rangle$ gilt wegen $A^h \cdot A^k = A^{h+k}$, $\langle A \rangle^{-1} \subset \langle A \rangle$ wegen $(A^h)^{-1}$ $= A^{-h}$ ($h, k, h + k$ ganzzahlig, vgl. 3.3.1. b)). Die Voraussetzungen (1), (2) des Untergruppenkriteriums 3.4.3. sind also erfüllt. Die übrigen Aussagen des Satzes sind obiger Folgerung zu entnehmen. ∎

Wir können damit die folgenden Aussagen formulieren, deren Richtigkeit der Leser selbst nachprüfen kann:

Folgerungen: (1) *Zyklische Gruppen sind stets* abelsch.

(2) *Die Ordnung a eines jeden Elementes* $A \in \mathbf{G}$ *ist Teiler der Ordnung g der endlichen Gruppe* $\mathbf{G}$.

(3) *In (2) gilt* $A^a = E$.

(4) *Jede Gruppe von Primzahlordnung* $g = p$ *ist zyklisch.*

Beispiel 3.16: Die Gruppe $\mathbf{C}_3$ der Drehungen $C_3^0 = E$, $C_3^1 = C_3$, C_3^2 des Ammoniak-Moleküls NH_3 (Bild 2.1(e)) ist von der Primzahlordnung $p = 3$: $\mathbf{C}_3 = \langle C_3 \rangle$.

Isomorphie: Zyklische Gruppen $\langle A \rangle$, $\langle B \rangle$ von gleicher Ordnung n haben übereinstimmende Gruppentafeln (Tafel 3.5). Dies gilt auch für die Ordnung unendlich. *Sie sind also zueinander isomorph und bilden eine Isomorphieklasse. Die sie repräsen-*

tierende abstrakte Gruppe – die „zyklische Gruppe der Ordnung" n – bezeichnen wir mit Z_n, *bei unendlicher Ordnung mit* Z_∞.

Tafel 3.5. Isomorphie zwischen zyklischen Gruppen der Ordnung n

	$A^0 \ldots A^h \ldots A^n$		$B^0 \ldots B^h \ldots B^n$
A^0	⋮	B^0	⋮
A^k	$\ldots A^{h+k} \ldots$	B^k	$\ldots B^{k+h} \ldots$
A^n	⋮	B^n	⋮

3.5.2. Bemerkung zu additiv geschriebenen zyklischen Gruppen

Diese werden von den Vielfachen kA (k ganzzahlig) eines Elementes A einer additiven Gruppe **G** erzeugt. Anstelle der Potenzen A^k hat man dann in 3.5.1. überall Vielfache kA zu schreiben und gemäß 3.3.2. zu rechnen.

3.5.3. Systeme von Erzeugenden

In einer zyklischen Gruppe $\mathbf{G} = \langle A \rangle$ ist jedes Element G ein Produkt aus endlich vielen A und A^{-1}: $G = A \ldots A \cdot A^{-1} \ldots A^{-1} = A^{h-k} = A^l$. Wir verallgemeinern:

D.3.18 **Definition 3.18:** *Es sei* **A** $\subset$ **G** *ein Elementekomplex der Gruppe* **G**. *Ist jedes Element* $G \in \mathbf{G}$ *ein Produkt (eine Summe) aus endlich vielen Elementen aus* **A** *und aus* **A'**, *so heißt* **A** *ein* **System von Erzeugenden** *von* **G**, *und wir schreiben dann* **G** = ⟨**A**⟩.

Beispiel 3.17: In der Symmetriegruppe $\mathbf{D}_{2d}$ bildet (nach Tafel 2.1) der Komplex $\{S_4, C_2'\}$ ein Erzeugendensystem, d. h. $\mathbf{D}_{2d} = \langle S_4, C_2' \rangle$. Zum Beispiel gilt: $E = C_2' \cdot C_2'$, $S_4 = S_4 \cdot S_4 \cdot S_4^{-1}$, $C_2'' = S_4^2 \cdot C_2'$, $\sigma_d'' = S_4 \cdot C_2'$ usw. Aber auch $\{C_2', \sigma_d''\}$ bildet ein Erzeugendensystem: $\mathbf{D}_{2d} = \langle C_2', \sigma_d'' \rangle$.
Von Bedeutung ist die Frage nach einem minimalen Erzeugendensystem **M** $\subset$ **G**: Für **M** gilt **G** = ⟨**M**⟩, aber alle echten Teilkomplexe **L** $\subset$ **M** erzeugen nur echte Untergruppen ⟨**L**⟩ $\subset$ **G**. $\{C_2', \sigma_d''\}$, $\{S_4, C_2'\}$ sind offensichtlich minimale Erzeugendensysteme für $\mathbf{D}_{2d}$.

3.6.   Klassen, Normalteiler, Faktorgruppen

3.6.1.   Zerlegung einer Gruppe in Klassen konjugierter Elemente

a) *Beispiel 3.18:* Die Elemente der Symmetriegruppe $\mathbf{D}_{2d} = [E, S_4, S_4^2, S_4^3, C_2',$ $C_2'', \sigma_d', \sigma_d'']$ unterscheiden wir nach Spiegelungen σ, Drehspiegelungen S, Drehungen C. Anders und genauer ausgedrückt: Wir nennen zueinander „*ähnlich*" jeweils die beiden Spiegelungen σ_d', σ_d'', die beiden Drehspiegelungen S_4, S_4^3 und die Drehungen C_2', C_2'' um die horizontalen Achsen. Getrennt davon zu betrachten ist die Drehung $C_2 = S_4^2$ um die vertikale Achse und E selbst (vgl. Bild 2.2(a)). Danach können wir $\mathbf{D}_{2d}$ gemäß

$$\mathbf{D}_{2d} = \{E\} \cup \{S_4^2\} \cup \{S_4, S_4^3\} \cup \{C_2', C_2''\} \cup \{\sigma_d', \sigma_d''\}^{1)}$$

als Vereinigung von elementfremden Klassen zueinander ähnlicher Elemente schreiben (Zerlegung von $\mathbf{D}_{2d}$ in Ähnlichkeitsklassen).

---

[1]) Genaueres zu dieser Zerlegung siehe in 4.2.3. e).

Der Zerlegungsmechanismus ist von einfacher Natur: Bilden wir z. B. zum Element σ_d' alle Produkte $X^{-1} \cdot \sigma_d' \cdot X$ für $X \in \mathbf{D}_{2d}$, so erhalten wir die Klasse $\{\sigma_d', \sigma_d''\}$. Genauso entsteht die Klasse $\{C_2', C_2''\}$ durch alle Produkte $X^{-1} \cdot C_2' \cdot X$ usw. Die Elemente $X^{-1} \cdot C_2' \cdot X$ sind dann also zu C_2' ähnlich, wir sagen auch *konjugiert* zu C_2'.

b) Wir ersetzen nun $\mathbf{D}_{2d}$ durch eine beliebige Gruppe $\mathbf{G}$ und C_2' durch ein beliebiges Element $A \in \mathbf{G}$.

Definition 3.19: *$A \in \mathbf{G}$ heißt zu einem Element $B \in \mathbf{G}$* **konjugiert** *oder* **ähnlich,** *in*   **D.3.19** *Zeichen $A \sim B$, wenn es ein Element $X \in \mathbf{G}$ gibt, so daß $B = X' \circ A \circ X$ gilt. Wir sagen dann auch, B entsteht durch Transformation mit X aus A.*

Die Relation $\sim$ hat bezüglich beliebiger Elemente A, B, $C \in \mathbf{G}$ die drei Eigenschaften der *Reflexivität* (R), *Symmetrie* (S) und *Transitivität* (T) und wird *Äquivalenzrelation* genannt:

(R)   *$A \sim A$ (denn $A = N' \circ A \circ N$, $N' = N$ neutrales Element von $\mathbf{G}$),*

(S)   *Mit $A \sim B$ gilt auch $B \sim A$ (denn aus $B = X' \circ A \circ X$ folgt $A = X \circ B \circ X'$ $= (X')' \circ B \circ (X')$),*

(T)   *Mit $A \sim B$ und $B \sim C$ gilt auch $A \sim C$ (denn $B = X' \circ A \circ X$ und C $= Y' \circ B \circ Y$ hat zur Folge $C = Y' \circ (X' \circ A \circ X) \circ Y = (X \circ Y)' \circ A$ $\circ (X \circ Y))$.*

Entsprechend Bd. 1 dieser Reihe, 7.4.1., zerfällt demnach die Gruppe $\mathbf{G}$ in sogenannte *Äquivalenzklassen:* Wir bilden zu einem beliebigen Element $A \in \mathbf{G}$ den Komplex $\{X' \circ A \circ X\}$ aller zu A konjugierten Elemente (man benutze dazu insbesondere (S) und (T)).

Definition 3.20: *$\{X' \circ A \circ X\}$ heißt die* **Klasse konjugierter Elemente,** *kurz Klasse von*   **D.3.20** *A, A ein* **Repräsentant** *dieser Klasse, Bezeichnung: (A).*

Beispiel 3.19: In Tafel 3.6 wird mit Hilfe der Gruppentafel der Symmetriegruppe $\mathbf{G} = \mathbf{D}_{2d}$ des Allen-Moleküls (Tafel 2.1) die Klasse von $A = S_4 \in \mathbf{D}_{2d}$ aufgestellt: $(S_4) = \{S_4, S_4^3\}$.
Schöpft nun (A) die Gruppe $\mathbf{G}$ noch nicht vollkommen aus (wie z. B. (S_4) $\mathbf{D}_{2d}$ nicht ausschöpft), so gibt es ein Element $B \notin (A)$ in $\mathbf{G}$, dessen Klasse (B) zu (A) elementfremd ist. Ist $(A) \cup (B)$ immer noch eine echte Teilmenge von $\mathbf{G}$, so gibt es ein Element $C \notin (A) \cup (B)$ usw.

Tafel 3.6. Bildung der konjugierten Klasse von $A = S_4$ in der Symmetriegruppe $\mathbf{G} = \mathbf{D}_{2d}$

X	X^{-1}	$X^{-1} \cdot S_4 \cdot X$
E	E	S_4
S_4	S_4^3	S_4
S_4^2	S_4^2	S_4
S_4^3	S_4	S_4
C_2'	C_2'	S_4^3
C_2''	C_2''	S_4^3
σ_d'	σ_d'	S_4^3
σ_d''	σ_d''	S_4^3

S.3.6 Satz 3.6: *Eine Gruppe* **G** *läßt sich als Vereinigung von elementfremden Klassen zueinander konjugierter Elemente schreiben. Mit dem Repräsentantensystem A, B, ... ∈ **G**, lautet sie:* **G** $= (A) \cup (B) \cup \dots$ *(A, B, ... paarweise nicht konjugiert).* **G** *„zerfällt" in Klassen.*

Bemerkung: Jedes Element $F \in (A)$ eignet sich als Repräsentant anstelle von A: $(A) = (F)$.

Beispiel 3.20:

$$\mathbf{D}_{2d} = \{E\} \cup \{S_4^2\} \cup \{S_4, S_4^3\} \cup \{C_2', C_2''\} \cup \{\sigma_d', \sigma_d''\}$$

$$= (E) \cup (S_4^2) \cup (S_4) \cup (C_2') \cup (\sigma_d').$$

c) Die Klassen dieser Zerlegung der Gruppe **G** haben u. a. folgende Eigenschaften:

(E₁)   *Jedes Zentrumselement $Z \in \mathfrak{Z} \subset$ **G**, insbesondere also das neutrale Element $N \in \mathfrak{Z}$, bildet eine Klasse, in der außer ihm kein weiteres Element vorkommt: $(Z) = \{X^i \circ Z \circ X\} = \{Z\}$.*

(E₂)   *Ist **G** abelsch, also **G** $= \mathfrak{Z}$, so bildet nach E₁) jedes Element $A \in$ **G** allein eine Klasse: $(A) = \{A\}$.*

(E₃)   *Alle Elemente einer Klasse $\mathfrak{K}$ von **G** haben die gleiche Ordnung n (denn für $A, B \in \mathfrak{K}$, d. h. $B = X^i \circ A \circ X$, folgt aus $A^n = N$: $B^n = (X^i \circ A \circ X) \circ (X^i \circ A \circ X) \circ \dots \circ (X^i \circ A \circ X) = X^i \circ A^n \circ X = X^i \circ N \circ X = N$).*

D.3.21 Definition 3.21: *Der Komplex jener Elemente $F \in$ **G**, die mit einem festen Element $A \in$ **G** vertauschbar sind: $A \circ F = F \circ A$ (oder $F^i \circ A \circ F = A$, d. h. A ist „selbstkonjugiert") heißt* **Normalisator** $\mathbf{N}_A$ *von A. $\mathbf{N}_A$ ist eine Untergruppe von **G** (denn für $X, Y \in \mathbf{N}_A$ gilt $X \circ Y \circ A = X \circ A \circ Y = A \circ X \circ Y$, und aus $X \circ A = A \circ X$ folgt $A \circ X^i = X^i \circ A$).*

Beispiel 3.21: In $\mathbf{D}_{2d}$ lautet der Normalisator von $S_4 \in \mathbf{D}_{2d}$: $\mathbf{N}_{S4} = [E, S_4, S_4^2, S_4^3]$ $= \mathbf{S}_4$ (s. Tafel 2.1).

(E₄)   *Die Ordnung (Anzahl der Elemente) der Klasse $(A) \subset$ **G**, $A \in$ **G**, ist gleich dem Index $j = [$**G** $: \mathbf{N}_A]$ des Normalisators von A, also ein Teiler der Ordnung von **G**.*

Beweis: $P, Q \in$ **G** gehören genau dann zu derselben Rechtsnebenklasse von **G** nach $\mathbf{N}_A$, wenn $P^i \circ A \circ P = Q^i \circ A \circ Q$ gilt. Also ist die Anzahl der Elemente von (A) gleich der Anzahl j der Nebenklassen und nach dem Satz von Lagrange Teiler der Gruppenordnung. ∎

Beispiel 3.22: – Die Eigenschaften (E₃) und (E₄) finden wir in der Zerlegung der Symmetriegruppe $\mathbf{D}_{2d}$ in Beispiel 3.20 realisiert. – Zu (E₁) sei daran erinnert, daß das Zentrum von $\mathbf{D}_{2d}$ lautet: $\mathfrak{Z} = \mathbf{C}_2 = [E, S_4^2]$ (vgl. 3.4.3.). In der Zerlegung von $\mathbf{D}_{2d}$ bilden E und S_4^2 Klassen für sich. – (E₂) läßt sich an der Zerlegung der Symmetriegruppe $\mathbf{C}_{2h}$ des H_2O_2-Moleküls demonstrieren: $\mathbf{C}_{2h} = (E) \cup (C_2) \cup (\sigma_h) \cup (i) = \{E\} \cup \{C_2\} \cup \{\sigma_h\} \cup \{i\}$.
In einer Menge werden ggf. mehrfach auftretende Elemente eigentlich nur einmal aufgeführt. Für Zwecke der Darstellungstheorie (Kap. 7) ist es jedoch notwendig zu notieren, wie oft ein Element in einer Menge vorkommt. Ist also **A** $\subset$ **G** ein Komplex

einer Gruppe G, so schreiben wir zukünftig $A \cup A = 2A$ und allgemein für die k-fache Vereinigung: $A \cup \ldots \cup A = kA$.

Beispiel 3.23: Das Komplexprodukt der Klassen (S_4) und (C_2') von D_{2d} (vgl. 3.6.1. b)) lautet nach Tafel 2.1: $(S_4) \cdot (C_2') = \{S_4, S_4^3\} \cdot \{C_2', C_2''\} = \{S_4 \cdot C_2', S_4 \cdot C_2'', S_4^3 \cdot C_2', S_4^3 \cdot C_2''\} = \{\sigma_d'', \sigma_d', \sigma_d', \sigma_d''\} = \{\sigma_d', \sigma_d''\} \cup \{\sigma_d', \sigma_d''\} = 2\{\sigma_d', \sigma_d''\} = 2(\sigma_d')$.

Dieses Beispiel läßt sich folgendermaßen verallgemeinern:

(E$_5$) *Es sei* $G = (A_1) \cup (A_2) \cup \ldots \cup (A_m)$ *die Zerlegung von* G *in ihre Klassen,* $A_\nu \in G$. *Das Komplexprodukt zweier solcher Klassen läßt sich dann als Vereinigung gewisser Klassen* (A_ν) *schreiben, die dabei ggf. mehrfach auftreten:*

$$(A_\lambda) \circ (A_\mu) = k_{\lambda\mu,1}(A_1) \cup k_{\lambda\mu,2}(A_2) \cup \ldots \cup k_{\lambda\mu,m}(A_m) = \bigcup_{\nu=1}^{m} k_{\lambda\mu,\nu}(A_\nu).$$

Die ganzen Zahlen $k_{\lambda\mu,\nu} \geqq 0$ *heißen Klassenmultiplikationskoeffizienten.*

Beweis: Entsteht ein Element A bei der Komplexmultiplikation in $(A_\lambda) \circ (A_\mu)$ k-mal, so muß es $2k$ verschiedene Elemente $A_\lambda^\alpha \in (A_\lambda)$ und $A_\mu^\alpha \in (A_\mu)$ geben, so daß gilt: $A = A_\lambda^\alpha \circ A_\mu^\alpha (\alpha = 1, \ldots, k)$. A liege in der Klasse (A_ν), also $(A_\nu) = (A) = \{X_\varkappa' \circ A \circ X_\varkappa: \varkappa = 1, \ldots, m_\nu\}$. Dann gilt $X_\varkappa' \circ A \circ X_\varkappa = X_\varkappa' \circ A_\lambda^\alpha \circ A_\mu^\alpha \circ X_\varkappa = X_\varkappa' \circ A_\lambda^\alpha \circ X_\varkappa \circ X_\varkappa' \circ A_\mu^\alpha \circ X_\varkappa \in (A_\lambda) \circ (A_\mu)$ $(\alpha = 1, \ldots, k)$, und die Elemente $X_\varkappa' \circ A \circ X_\varkappa$ bilden die Klasse (A_ν) k-mal $(k = k_{\lambda\mu,\nu})$. ∎

Beispiel 3.24: Nach Beispiel 3.20 gilt: $D_{2d} = (E) \cup (S_4^2) \cup (S_4) \cup (C_2') \cup (\sigma_d')$. Demnach haben die in (E$_5$) eingeführten Bezeichnungen im Beispiel 3.23 folgende Bedeutung: $G = D_{2d}$; $A_3 = S_4$, $A_4 = C_2'$, $A_5 = \sigma_d'$; $m = 5$; $k_{3\,4,5} = 2$. Also gilt: $(A_3) \cdot (A_4) = k_{3\,4,5}(A_5)$; $k_{3\,4,\nu} = 0$ für alle $\nu \neq 5$.

Bemerkung: Zwischen den Klassenmultiplikationskoeffizienten bestehen gewisse Relationen, die deren Bestimmung erleichtern.

3.6.2. Konjugierte Untergruppen

Beispiel 3.25: In 3.4.2. b) betrachten wir die Untergruppen $C_2' = [E, C_2']$ und $C_2'' = [E, C_2'']$ der Symmetriegruppe D_{2d}. Der Gruppentafel von D_{2d} (Tafel 2.1) entnehmen wir für $X = S_4 \in D_{2d}$ (also $X^{-1} = S_4^3$), daß $X^{-1} \cdot C_2' \cdot X = [S_4^3 \cdot E \cdot S_4, S_4^3 \cdot C_2' \cdot S_4] = [E, C_2''] = C_2''$ gilt, und nennen C_2' dann zu C_2'' konjugiert.

Wir ersetzen nun D_{2d} bzw. C_2' und C_2'' durch eine beliebige Gruppe G bzw. Untergruppen U' und U'' von G.

Definition 3.22: U' *heißt zu* U'' **konjugiert,** *wenn es ein Element* $X \in G$ *gibt, für das* $U'' = X' \circ U' \circ X$ *gilt.* **D.3.22**

Bemerkungen: 1) Diese Konjugiertheit hat die Eigenschaften (R), (S), (T) einer Äquivalenzrelation (3.6.1.b)). 2) Mit U' ist auch der zu U' *konjugierte Komplex* $U'' = X' \circ U' \circ X$ eine Untergruppe von G. 3) Konjugierte Gruppen sind zueinander isomorph. Sie haben die gleiche Ordnung und gehören zur gleichen abstrakten Gruppe.

3.6.3. Normalteiler

Ein besonders wichtiger Fall der Konjugiertheit liegt in folgendem Beispiel vor:

Beispiel 3.26: Für die Untergruppe S_4 der Symmetriegruppe D_{2d} gilt nach Tafel 2.1 für alle $X \in D_{2d}: X^{-1} \cdot S_4 \cdot X = S_4$.

D.3.23 **Definition 3.23:** *Stimmt eine Untergruppe* U *der Gruppe* G *mit allen zu ihr konjugierten Untergruppen überein:* $U = X^{\iota} \circ U \circ X$ *für alle* $X \in G$, *so heißt* U *eine* **invariante Untergruppe** *oder auch ein* **Normalteiler** *von* G, *und wir schreiben dann* N *für* U.

Beispiel 3.27: S_4 ist also ein Normalteiler von D_{2d}, aber auch die Untergruppen D_2, C_{2d}, C_2 sind solche (3.4.2. b); Tafel 2.1).

Beispiel 3.28: Die alternierende Gruppe $\mathfrak{A}_n$ bildet einen Normalteiler in der symmetrischen Gruppe $\mathfrak{S}_n$ ([11], I, § 17).

S.3.7 **Satz 3.7:** *Die Untergruppe* N *der Gruppe* G *ist genau dann ein Normalteiler von* G, *wenn eine der folgenden Forderungen erfüllt ist:*

a) N *enthält mit jedem* $A \in N$ *auch die ganze Klasse* (A).

b) *Jede Rechtsnebenklasse* $N \circ F$ *stimmt für alle* $F \in G$, *mit der Linksnebenklasse* $F \circ N$ *nach* N *überein (so daß wir nur noch von Nebenklassen zu reden haben).*

Beweis: a) und b) sind Definition 3.23 unmittelbar zu entnehmen. ∎

Beispiel 3.29: Da nach Beispiel 3.27 C_2 ein Normalteiler von D_{2d} ist, stellt die Linksnebenklassenzerlegung von D_{2d} nach C_2 in 3.4.4. c) gleichzeitig eine Rechtsnebenklassenzerlegung (mit den gleichen Rechts- wie Linksrepräsentanten) dar.

Bemerkung: In Abelschen Gruppen sind das Zentrum von G *sowie die trivialen Untergruppen* $[N]$ *und* G *selbst stets Normalteiler von* G. *Letztere heißen triviale Normalteiler, und eine Gruppe, die nur triviale Normalteiler besitzt, heißt einfach.*

3.6.4. Faktorgruppen

Es sei nun $F = \{N, N \circ A, N \circ B, \ldots\}$ die Menge aller Nebenklassen der Gruppe G nach dem Normalteiler N von G. Das Komplexprodukt zweier Elemente von F liegt wieder in F; z. B. gilt $(N \circ A) \circ (N \circ B) = N \circ N \circ A \circ B = N \circ (A \circ B)$ (3.4.3. (1')). Ferner ist mit $N \circ A$ auch $(N \circ A)^{\iota} \in F$, denn es gilt: $(N \circ A)^{\iota} = A^{\iota} \circ N^{\iota} = A^{\iota} \circ N = N \circ A^{\iota}$ (3.4.3, (2')). Das Komplexprodukt ist durch das Produkt in G assoziativ. N übernimmt die Aufgabe des neutralen Elementes: $N \circ (N \circ A) = N \circ A$ (3.4.3. (1')). Auf diese Weise erhält die Menge F die Struktur einer Gruppe.

D. 3.24 **Definition 3.24:** $F = [N, N \circ A, N \circ B, \ldots]$ *heißt* **Faktorgruppe** *der Gruppe* G *nach ihrem Normalteiler* N *und wird durch* G/N *bezeichnet. Bei additiver Verknüpfung* $\circ = +$ *nennen wir* F *auch* **Differenzmodul**; *Bezeichnung* $F = G - N$.

Beispiel 3.30: Die Nebenklassen der Symmetriegruppe D_{2d} des Allen-Moleküls nach dem Normalteiler $N = C_2 = [E, C_2]$ lauten (vgl. 3.4.4. c)): $C_2 \cdot E, C_2 \cdot S_4 = \{S_4, S_4^3\}$, $C_2' \cdot C_2' = \{C_2', C_2''\}$, $C_2 \cdot \sigma_d' = \{\sigma_d', \sigma_d''\}$. Anstelle der Repräsentanten E, S_4, C_2', σ_d' für die Nebenklassen könnten wir auch $C_2 = S_4^2$, S_4^3, C_2'', σ_d'' wählen. Die Produkte aus diesen Nebenklassen können wir ·dann repräsentantenweise bilden. Zum Beispiel gilt: $(C_2 \cdot S_4) \cdot (C_2 \cdot C_2') = C_2 \cdot S_4 \cdot C_2' = C_2 \cdot \sigma_d'' = C_2 \cdot \sigma_d'$. In der Gruppentafel (Tafel 3.7) von $D_{2d}/C_2 = [C_2, C_2 \cdot S_4, C_2 \cdot C_2', C_2 \cdot \sigma_d']$ finden wir dann $S_4 \cdot C_2' = \sigma_d'$ anstelle von $(C_2 \cdot S_4) \cdot (C_2 \cdot C_2') = C_2 \cdot \sigma_d'$.

Tafel 3.7. Gruppentafel der Faktorgruppe $\mathbf{D}_{2d}/\mathbf{C}_2$ (repräsentantenweise notiert)

	E	S_4	C_2'	σ_d'
E	E	S_4	C_2'	σ_d'
S_4	S_4	E	σ_d'	C_2'
C_2'	C_2'	σ_d'	E	S_4
σ_d'	σ_d'	C_2'	S_4	E

3.7. Direktes Produkt

Beispiel 3.31: Das Komplexprodukt aus den Untergruppen $\mathbf{C}_2 = [E, C_2]$ und $\mathbf{C_s} = [E, \sigma_h]$ der Symmetriegruppe $\mathbf{C}_{2h} = [E, C_2, \sigma_h, i]$ des H_2O_2-Moleküls lautet (Tafel 2.2): $\mathbf{C}_2 \cdot \mathbf{C_s} = \mathbf{C}_{2h}$ (vgl. auch Beispiel 3.11). Dabei ist $\mathbf{C}_2 \cap \mathbf{C_s} = [E]$, und alle Elemente von $\mathbf{C}_2$ sind mit allen von $\mathbf{C_s}$ vertauschbar. Dann heißt $\mathbf{C}_{2h}$ direktes Produkt aus seinen Untergruppen $\mathbf{C}_2$ und $\mathbf{C_s}$.

Definition 3.25: *Eine Gruppe* $\mathbf{G}$ *heißt* **direktes Produkt** *ihrer Untergruppen* $\mathbf{U}_1, \mathbf{U}_2$,   D.3.25 *in Zeichen* $\mathbf{G} = \mathbf{U}_1 \times \mathbf{U}_2$, *wenn gilt:*

(a)   *Jedes* $A \in \mathbf{G}$ *läßt sich eindeutig als Produkt* $A = U_1 \cdot U_2$ *schreiben,* $U_1 \in \mathbf{U}_1$, $U_2 \in \mathbf{U}_2$.

(b)   *Für alle* $U_1 \in \mathbf{U}_1$, $U_2 \in \mathbf{U}_2$ *gilt* $U_1 \cdot U_2 = U_2 \cdot U_1$.

(c) $\mathbf{U}_1 \cap \mathbf{U}_2 = [E]$ (läßt sich aus (a) ableiten).

Wegen b) können wir auch $\mathbf{G} = \mathbf{U}_2 \times \mathbf{U}_1$ schreiben. In obigem Beispiel ist also $\mathbf{C}_{2h} = \mathbf{C}_2 \times \mathbf{C_s} = \mathbf{C_s} \times \mathbf{C}_2$. Dabei sind $\mathbf{C}_2$ und $\mathbf{C_s}$ einfache Gruppen. *Als direktes Produkt einfacher Gruppen heißt* $\mathbf{C}_{2h}$ *vollständig reduzibel.*

Folgerung 3.6: *Die Ordnung g des direkten Produktes* $\mathbf{U}_1 \times \mathbf{U}_2$ *ist gleich dem Produkt* $g = u_1 u_2$ *aus den Ordnungen* u_1 *und* u_2 *der Faktoren* $\mathbf{U}_1$ *und* $\mathbf{U}_2$ *(denn die Produkte* $U_1 \cdot U_2$ *sind für verschiedene* $U_1 \in \mathbf{U}_1$, $U_2 \in \mathbf{U}_2$ *sämtlich verschieden).*

Ohne Beweis formulieren wir noch[1]):

Folgerung 3.7: a) *In* $\mathbf{G} = \mathbf{U}_1 \times \mathbf{U}_2$ *ist jede konjugierte Klasse* $\mathfrak{K}$ *das Komplexprodukt aus je einer konjugierten Klasse* (U_1) *von* $\mathbf{U}_1$ *mit einer solchen Klasse* (U_2) *aus* $\mathbf{U}_2$. b) *Die Ordnung k von* $\mathfrak{K}$ *ist gleich dem Produkt* $k = k_1 k_2$ *aus den Ordnungen* k_1 *bzw.* k_2 *von* (U_1) *bzw.* (U_2). c) *Die Anzahl h der Klassen von* $\mathbf{G}$ *ist gleich dem Produkt* $h = h_1 h_2$ *aus der Anzahl* h_1 *bzw.* h_2 *der Klassen von* $\mathbf{U}_1$ *bzw.* $\mathbf{U}_2$.

Folgerung 3.8: *In einer vollständig reduziblen Gruppe* $\mathbf{G}$ *gibt es zu jedem Normalteiler* $\mathbf{N}$ *eine direkte Zerlegung von* $\mathbf{G}$ *in einfache Faktoren:* $\mathbf{G} = \mathbf{N} \times \mathbf{U}$.

Wir können uns diese Folgerungen noch einmal am Beispiel $\mathbf{C}_{2h} = \mathbf{C}_2 \times \mathbf{C_s}$ vor Augen führen.

Aufgaben

3.1. Auf der Grundlage der Lösung der Aufgabe 2.4. b) und Bild L 2.1. a), b) sind die Symmetrie-   *****
gruppen $\mathbf{C}_{3v}$ und $\mathbf{C}_{4v}$ des gleichseitigen Dreiecks $\triangle \subset \mathbf{E}^2$ (des NH_3-Moleküls) und des Quadrates $\square \subset \mathbf{E}^2$ (des SF_5Cl-Moleküls) durch ihre Gruppentafeln anzugeben. Ferner sind alle inversen Elemente von $\mathbf{C}_{3v}$ und von $\mathbf{C}_{4v}$ anzugeben.

---

[1]) vgl. [8] oder [18].

* **3.2.** Beschreibe die sechs Symmetrielagen des gleichseitigen Dreiecks $\triangle \subset E^2$ (des NH_3-Moleküls) durch die Permutationen der Ecken 1, 2, 3 von $\triangle$ in Zyklenschreibweise und stelle daraus die symmetrische Gruppe $\mathfrak{S}_3$ auf, die $\triangle$ gestattet; (mit Bezug auf 3.3.4.b) ist die Lösung dieser Aufgabe auch für $\square \subset E^3$, d. h. für das SF_5Cl-Molekül zu empfehlen!).

* **3.3.** a) Die Leerstellen in den folgenden drei Produkttafeln sind so durch Elemente E, A, B, C zu besetzen, daß daraus Gruppentafeln werden (d. h., daß die Forderungen (1) bis (4) bzw. (5) in 3.3.3. erfüllt sind).

$$
\begin{array}{cccc}
E & A & B & C \\
A & E & . & . \\
B & . & E & . \\
C & . & . & .
\end{array}
\qquad
\begin{array}{cccc}
E & A & B & C \\
A & C & . & . \\
B & . & E & . \\
C & . & . & .
\end{array}
\qquad
\begin{array}{cccc}
E & A & B & C \\
A & C & . & . \\
B & . & C & . \\
C & . & . & .
\end{array}
$$

b) Sind die zur ersten und dritten Tafel gehörigen Gruppen $G_1 = [E, A, B, C]$ und $G_3 = [E, A, B, C]$ zueinander isomorph?

c) Welche davon ist die Kleinsche Vierergruppe, welche isomorph zur Gruppe S_4 (siehe 3.3.4. d))?

D.3.26   * **3.4. Definition 3.26:** *Eine vierreihige quadratische Matrix L heißt Lorentzmatrix, wenn für sie*

$$
E^- = L^T \cdot E^- \cdot L \text{ gilt; } E^- =
\begin{bmatrix}
1 & 0 & 0 & 0 \\
0 & 1 & 0 & 0 \\
0 & 0 & 1 & 0 \\
0 & 0 & 0 & -1
\end{bmatrix}
. \; L_4 \text{ sei die Menge dieser Matrizen.}
$$

Zeige: a) $\det L = \pm 1$; b) L_4 bildet eine Untergruppe – die Lorentzgruppe in der Gruppe $GL(4)$; c) die Teilmenge $L_4^+ \subset L_4$ aller eigentlichen Lorentzmatrizen L^+ (d. h. solcher mit $\det L^+ = 1$) bilden einen Normalteiler in L_4 – die eigentliche Lorentzgruppe.
Hinweis: Man zerlege L_4 in Nebenklassen nach L_4^+ und berechne den Index $[L_4 : L_4^+]$ (vgl. 4.2.1. c)).

Hinsichtlich der Symmetriegruppe C_{3v} des gleichseitigen Dreiecks $\triangle$ in der Ebene E^2 (d. h. für das NH_3-Molekül) sind mit Hilfe der Gruppentafel, Tafel L 3.1., folgende Aufgaben zu lösen (Empfehlung: Man löse die gleichen Aufgaben für $\square \subset E^2$, d. h. für das SF_5Cl-Molekül nach Tafel L 3.2):

* **3.5.** Gib alle Untergruppen und deren Indizes von C_{3v} an (benutze dazu den Satz von Lagrange). Welche der Untergruppen ist ein nichttrivialer Normalteiler von C_{3v}?

* **3.6.** Zerlege die Gruppe C_{3v} in ihre Links- und Rechtsnebenklassen nach ihrem Normalteiler C_3 (siehe Lösung der Aufgabe 3.5). Wie lautet die Faktorgruppe C_{3v}/C_3 von C_{3v} nach C_3 (Gruppentafel).

* **3.7.** Zerlege C_{3v} in ihre Klassen konjugierter Elemente und bestimme die Klassenmultiplikationskoeffizienten.

4. Bewegungsgruppen

4.1. Die Bewegungsgruppe des dreidimensionalen euklidischen Raumes E^3

Bei der Anwendung der Symmetrieoperationen (z. B. auf Moleküle) haben wir uns bisher nur von unserer Anschauung leiten lassen. Bewegungen des E^3 waren einfach die in unseren Schulkenntnissen vorkommenden Transformationen ($\mathfrak{B}$) (i) bis (iv) in 2.2.2. Im folgenden bedürfen diese nun auch der analytischen Beschreibung:

4.1.1. Die Seitzschen Raumgruppensymbole

Es sei $\{O; \mathbf{e}_1, \mathbf{e}_2, \mathbf{e}_3\}$ (kurz: $\{O; \mathbf{e}_\nu\}$) eine orthonormierte Basis im Ursprung O des E^3 mit den Basisvektoren $\mathbf{e}_\nu$ ($\nu = 1, 2, 3$). Wir betrachten nur Rechtssysteme. Dann gehört zum Punkt $P \in E^3$ der Ortsvektor $\mathbf{x} = \overrightarrow{OP} = x_1\mathbf{e}_1 + x_2\mathbf{e}_2 + x_3\mathbf{e}_3 = (x_1, x_2, x_3)$, und P hat daher die rechtwinkligen Koordinaten x_1, x_2, x_3 (Bild 4.1; vgl. auch Bd. 13, 2.2.5.). Mitunter bedient man sich auch der Bezeichnungen:

$$\mathbf{e}_1 = \mathbf{i}, \mathbf{e}_2 = \mathbf{j}, \mathbf{e}_3 = \mathbf{k} \quad \text{und} \quad x_1 = x, x_2 = y, x_3 = z.$$

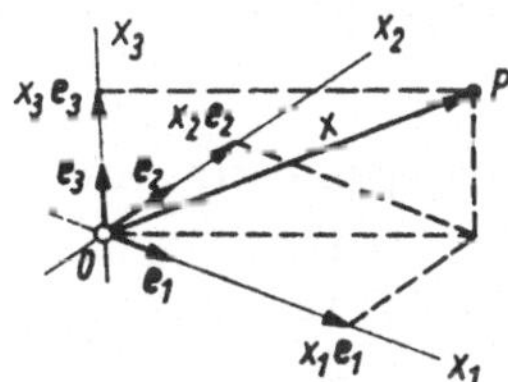

Bild 4.1. Komponentenzerlegung von $\mathbf{x} = \overrightarrow{OP}$ bez. $\{O; \mathbf{e}_\nu\}$

Zu einer vorgegebenen orthogonalen Matrix $A = (a_{\mu\nu})$ und zu vorgegebener Translation $T = (t_1, t_2, t_3)$ betrachten wir nun die durch die Gleichung

($\mathfrak{B}$) $\mathbf{x}' = A \cdot \mathbf{x} + T$

bez. $\{O; \mathbf{e}_\nu\}$ definierte eineindeutige Abbildung (Transformation) des E^3 auf sich, wenn $\mathbf{x}, \mathbf{x}'$ und T in ($\mathfrak{B}$) als Spaltenmatrizen aufgefaßt werden: Der Ortsvektor $\mathbf{x} = \overrightarrow{OP} = (x_1, x_2, x_3)$ wird durch ($\mathfrak{B}$) auf $\mathbf{x}' = \overrightarrow{OP'} = (x_1', x_2', x_3')$ und damit der Urbildpunkt $P \in E^3$ auf den Bildpunkt $P' \in E^3$ abgebildet (Bd. 13, 3.5.). Die Transformationsgleichung ($\mathfrak{B}$) wird – insbesondere in der Festkörperphysik – auch in folgender Form geschrieben:

($\mathfrak{B}$) $\mathbf{x}' = \{A \mid T\} \cdot \mathbf{x}.$

Definition 4.1: *Das Matrizenpaar $\{A \mid T\}$ heißt* **Seitz-Symbol**. *Bezogen auf eine orthonormierte Basis $\{O; \mathbf{e}_\nu\}$ des E^3, nennen wir $\{A \mid T\}$ eine* **Bewegung** *des E^3, die orthogonale Matrix A ihren* **Drehanteil**, *das Zahlentripel T ihren* **Translationsanteil**. *Eigentlich heißt eine solche Bewegung, wenn* $\det A = 1$ *gilt,* **uneigentlich** *für* $\det A = -1$.   **D.4.1**

4.1.2. Die Bewegungsgruppe $\mathfrak{B}_3$ des Raumes

Es sei durch

($\mathfrak{B}'$): $\mathbf{x}'' = B \cdot \mathbf{x}' + U = \{B \mid U\} \cdot \mathbf{x}'$ (B: orthogonal) eine weitere Bewegung des E^3 gegeben. Dann gilt für die Hintereinanderausführung von ($\mathfrak{B}'$) nach ($\mathfrak{B}$) die Gleichung $x'' = B \cdot (A \cdot x + T) + U = B \cdot A \cdot x + B \cdot T + U = \{B \cdot A \mid B \cdot T + U\}$, was für die zu ($\mathfrak{B}'$) und ($\mathfrak{B}$) gehörigen Seitz-Symbole als *Multiplikation*

$$\{B \mid U\} \cdot \{A \mid T\} = \{B \cdot A \mid B \cdot T + U\} \quad (B \cdot A: \text{orthogonal})$$

interpretiert werden kann. Wir beachten wieder, daß zuerst der zweite Faktor $\{A \mid T\}$ auf x anzuwenden ist und auf $\{A \mid T\} \cdot x$ dann $\{B \mid U\}$. Bezüglich dieser Multiplikationsvorschrift besitzt die Menge aller Seitz-Symbole die Struktur einer Gruppe, in der zwangsläufig $\{E \mid O\}$ (E: Einheitsmatrix, O: Nulltranslation) die Rolle des Einselementes spielt und

$$\{A \mid T\}^{-1} = \{A^{-1} \mid -A^{-1} \cdot T\}$$

(A^{-1} wieder orthogonal) zu $\{A \mid T\}$ invers ist. Die Gruppe ist wegen der Matrizenmultiplikation nichtabelsch.

D.4.2 Definition 4.2: *Die Gruppe der Seitz-Symbole $\{A \mid T\}$ (A: orthogonal) – auf eine orthonormierte Basis $\{O; e_v\}$ bezogen, sind das die Bewegungen des euklidischen Raumes E^3 – heißt* **Bewegungsgruppe $\mathfrak{B}_3$** *des E^3.*

S.4.1 Satz 4.1: *Bei Bewegungen bleibt der Abstand $|\overrightarrow{PQ}|$ zwischen zwei Punkten $P, Q \in E^3$ ungeändert.*

Beweis: Mit $x' = \overrightarrow{OP'}$ und $y' = \overrightarrow{OQ'}$ lautet das Abstandsquadrat für die Bildpunkte $P', Q': |\overrightarrow{P'Q'}|^2 = |y' - x'|^2 = |A \cdot y + T - A \cdot x - T|^2 = |A \cdot (y - x)|^2 = [A \cdot (y - x)] \cdot [A \cdot (y - x)]^T = [A \cdot (y - x)] \cdot [(y - x)^T \cdot A^T] = A \cdot |y - x|^2 \cdot A^T = |y - x|^2 \cdot A \cdot A^T = |y - x|^2 = |\overrightarrow{PQ}|^2$ (T: transponiert, $A \cdot A^T = E$). ∎

Umgekehrt erweisen sich abstandstreue Transformationen als Bewegungen, und wegen der in diesem Beweis erkennbaren Invarianz des Skalarproduktes bleiben auch alle Winkelverhältnisse ungeändert.

4.1.3. Normalformen der Bewegungsgruppe $\mathfrak{B}_3$

Wir wollen untersuchen, ob sich obiger Bewegungsbegriff nun tatsächlich in den von uns bereits praktizierten Formen ($\mathfrak{F}$), (i) bis (iv), vollzieht. Indem die Frage nach der Existenz von Vektoren $x \neq o$ diskutiert wird, die bei einer Bewegung $\{A \mid O\}$ auf ein Vielfaches von sich übergehen, $x' = \lambda x$, stellt sich das folgende Resultat ein ([17], I, § 21):

S.4.2 Satz 4.2: *Es findet sich für jede Bewegung eine passende orthonormierte Basis $\{O; e_v\}$ des E^3, in der ihre Transformationsgleichung $x' = \{A \mid T\} \cdot x$ von einer der folgenden Normalformen ist:*

[i] $\quad\begin{aligned} x_1' &= x_1 \cos \varphi - x_2 \sin \varphi, \\ x_2' &= x_1 \sin \varphi + x_2 \cos \varphi, \\ x_3' &= x_3 + t_3; \end{aligned}$
[ii] $\quad\begin{aligned} x_1' &= x_1 \cos \varphi - x_2 \sin \varphi, \\ x_2' &= x_1 \sin \varphi + x_2 \cos \varphi, \\ x_3' &= -x_3; \end{aligned}$

($\mathfrak{B}$)

[iii] $\quad\begin{aligned} x_1' &= x_1 + t_1, \\ x_2' &= x_2 + t_2, \\ x_3' &= -x_3; \end{aligned}$
[iv] $\quad\begin{aligned} x_1' &= x_1 + t_1, \\ x_2' &= x_2 + t_2, \\ x_3' &= x_3 + t_3. \end{aligned}$

Beachten wir, daß im x_1,x_2-Koordinatensystem die ersten beiden Gleichungen von [i] bzw. [ii] eine Drehung der x_1,x_2-Ebene in sich um den Winkel φ und den Ursprung O beschreiben, so können wir feststellen: Die Bewegung vom Typ

[i]   für $t_3 = 0$ ist eine Drehung des $\mathbf{E}^3$ um die x_3-Achse um den Winkel φ mit für $t_3 \neq 0$ anschließender Parallelverschiebung $T = (0, 0, t_3)$ in x_3-Achsenrichtung; die Bewegung $\{A \mid T\}$ heißt dann eine *Schraubung* und ist wegen $\det A = 1$ *eigentlich*;

[ii]   ist eine Drehung des $\mathbf{E}^3$ um den Winkel φ um die x_3-Achse mit anschließender Spiegelung an der x_1,x_2-Ebene; sie ist also eine *Drehspiegelung* und wegen $\det A = -1$ uneigentlich (*uneigentliche Drehung*);

[iii]   für $t_1 = t_2 = 0$ ist eine Spiegelung des $\mathbf{E}^3$ an der x_1,x_2-Ebene mit für $(t_1, t_2) \neq (0, 0)$ anschließender Translation $T = (t_1, t_2, 0)$ parallel zur x_1,x_2-Ebene; die Bewegung heißt dann *Gleitspiegelung* und ist wegen $\det A = -1$ *uneigentlich*;

[iv]   ist eine *Translation* des $\mathbf{E}^3$ mit $T = (t_1, t_2, t_3)$; sie ist wegen $\det A = 1$ eine *eigentliche Bewegung*.

Die in 4.1.1. analytisch definierte Bewegung $\{A \mid T\}$ des $\mathbf{E}^3$ entspricht damit in allen ihren vier Normalformen $(\mathfrak{B})$, [i] bis [iv], unseren Vorstellungen von $(\mathfrak{B})$, (i) bis (iv), in 2.2.2.

4.2.   Untergruppen der Bewegungsgruppe $\mathfrak{B}_3$ des $\mathbf{E}^3$

4.2.1.   Die Gruppe $\mathfrak{B}_3^+$ der eigentlichen Bewegungen

a) Die Elemente $\{A \mid T\} \in \mathfrak{B}_3^+$ gehören wegen $\det A = 1$ zur Normalform [i] (bzw. für $\varphi = 0$ auch zu [iv]). Sie sind also *Schraubungen*, speziell *eigentliche Drehungen* oder *Translationen* des $\mathbf{E}^3$.

b) Nach 3.2.3.3. ist mit $A, B \in \mathbf{O}^+(3)$ auch $A \cdot B, A^{-1} \in \mathbf{O}^+(3)$, und dies sichert uns bereits die Gruppeneigenschaft von $\mathfrak{B}_3^+$.

c) Zerlegen wir die Bewegungsgruppe $\mathfrak{B}_3$ nach ihrer Untergruppe $\mathfrak{B}_3^+$ in Rechtsnebenklassen, so erhalten wir deren zwei, die Klasse $\mathfrak{B}_3^+$ der eigentlichen und die Klasse $\mathfrak{B}_3^+ \cdot \{A \mid T\}$ $(\det A = -1)$ der uneigentlichen Bewegungen: $\mathfrak{B}_3 = \mathfrak{B}_3^+ \cup \mathfrak{B}_3^+ \cdot \{A \mid T\}$. Sie sind zugleich Linksnebenklassen, *also ist $\mathfrak{B}_3^+$ ein Normalteiler von $\mathfrak{B}_3$. Der Index von $\mathfrak{B}_3^+$ lautet* $[\mathfrak{B}_3 : \mathfrak{B}_3^+] = 2$ (vgl. auch [17], II, § 6, oder Aufgabe 3.4.).

4.2.2.   Die Gruppe $\mathfrak{D}_3^+$ der eigentlichen Drehungen (eigentliche Drehgruppe)

a) $\mathfrak{D}_3^+$ besteht aus den Elementen $\{A \mid T\}$ mit $\det A = 1$ und $T = O = (0, 0, 0)$. Diese gehören offensichtlich zur Normalform [i] mit $t_3 = 0$. Es handelt sich also um (*eigentliche*) *Drehungen um Geraden.*

b) Die Gruppeneigenschaft von $\mathfrak{D}_3^+$ folgt aus jener von $\mathbf{O}^+(3)$ in Verbindung mit $\{A \mid O\} \cdot \{B \mid O\} = \{A \cdot B \mid O\}$ und $\{A \mid O\}^{-1} = \{A^{-1} \mid O\}$ für $A, B \in \mathbf{O}^+(3)$.

c) Bilden wir durch $\{A \mid O\} \to A$ die Gruppe $\mathfrak{D}_3^+$ eineindeutig auf $\mathbf{O}^+(3)$ ab, so folgt aus b), daß diese Abbildung relationstreu ist. *Die eigentliche Drehgruppe ist also zur eigentlich orthogonalen Gruppe isomorph:* $\mathfrak{D}_3^+ \cong \mathbf{O}^+(3)$. *$\{A \mid O\}$ und sein Drehanteil A werden deshalb gelegentlich identifiziert.*

4.2.2.1. Parameterdarstellung der eigentlichen Drehgruppe mit Hilfe der Eulerschen Winkel

Wir bedienen uns der Tatsache, daß uns eine Drehung des E^3 vollständig bekannt ist, wenn wir die Basis $\{O; e'_v\}$ kennen, die bei dieser Drehung aus $\{O; e_v\}$ entsteht!

Wir benötigen dazu im folgenden: (α) die *Knotenlinie*, d. h. die Schnittgerade der e_1,e_2- und e'_1,e'_2-Ebene; sie kann durch das Vektorprodukt $k = e_3 \times e'_3$ orientiert und beschrieben werden, (β) *die Eulerschen Winkel*, d. h. der *Präzessionswinkel* $\psi = \angle(e_1, k)$ $(0 \leq \psi < 2\pi)$, der *Nutationswinkel* $\Theta = \angle(e_3, e'_3)$ $(0 \leq \Theta < \pi)$, der *Winkel der reinen Drehung* $\varphi = \angle(e'_1, k)$ $(0 \leq \varphi < 2\pi)$, (γ) zwei Hilfsbasen $\{O; y_v\}$ und $\{O; z_v\}$.

Die Überführung von $\{O; e_v\}$ in $\{O; e'_v\}$ vollziehen wir in drei Schritten:

I) Drehung von $\{O; e_v\}$ um e_3 mit dem Winkel ψ, bei der e_1 in k übergeht und die Basis $\{O; y_v\}$ erreicht wird, die als Rechtssystem durch $y_1 = k$ und $y_3 = e_3$ festgelegt ist (Bild 4.2(a)). Ein Ortsvektor transformiert sich dabei gemäß $y = D_1 \cdot x$ (D_1: siehe unten ($\mathfrak{D}$)).

II) Drehung von $\{O; y_v\}$ um die Knotenlinie mit dem Winkel Θ, bei der $y_3 = e_3$ in e'_3 übergeht und die Basis $\{O; z_v\}$ $(z_1 = y_1 = k, z_3 = e'_3)$ erreicht wird (Bild 4.2(b)). Die Transformation des Ortsvektors y lautet hier $z = D_2 \cdot y$ (D_2: siehe ($\mathfrak{D}$)).

III) Drehung von $\{O; z_v\}$ um z_3 mit dem Winkel $-\varphi$, bei der $z_1 = k$ in e'_1 und z_2 in e'_2 übergeht und die Basis $\{O; e'_v\}$ erreicht ist (Bild 4.2(c)). Die letzte Transformation lautet $x' = D_3 \cdot z$ (D_3: siehe ($\mathfrak{D}$)).

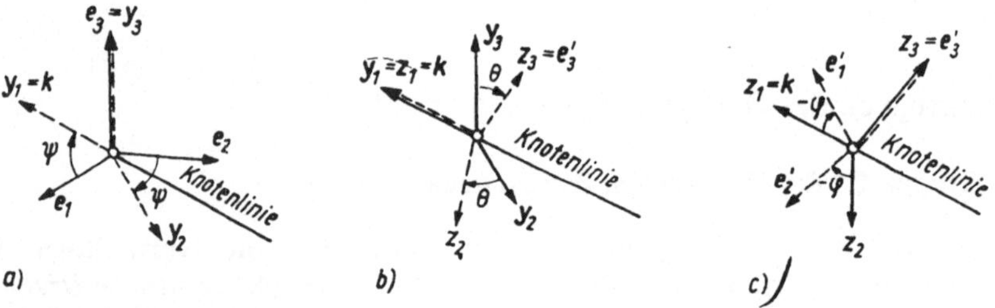

Bild 4.2. Eulersche Winkel

(a) Präzessionswinkel (I))
(b) Nutationswinkel (II))
(c) Winkel der reinen Drehung (III))

Die Hintereinanderausführung der Drehungen I), II), III) ergibt

(D) $x' = D \cdot x$, wobei $D = D_3 \cdot D_2 \cdot D_1$

ist und

$$D_1 = \begin{bmatrix} \cos\psi & \sin\psi & 0 \\ -\sin\psi & \cos\psi & 0 \\ 0 & 0 & 1 \end{bmatrix}, \quad D_2 = \begin{bmatrix} 1 & 0 & 0 \\ 0 & \cos\Theta & \sin\Theta \\ 0 & -\sin\Theta & \cos\Theta \end{bmatrix}, \quad D_3 = \begin{bmatrix} \cos\varphi & -\sin\varphi & 0 \\ \sin\varphi & \cos\varphi & 0 \\ 0 & 0 & 1 \end{bmatrix}.$$

Die Transformationsmatrizen D liegen offensichtlich in $O^+(3)$.

Beispiel 4.1: Wir betrachten das Kerngerüst von Allen so, wie es in 2.3.1. bzw. gemäß Bild 2.2(a) im x,y,z-Koordinatensystem fixiert wurde. Wir üben darauf die Drehsymmetrieoperation $C_2 \in D_{2d}$ aus. Zeigen die Basisvektoren e_1, e_2, e_3 in Richtung der positiven x-, y-, z-Achse, so erhalten wir nach der Drehung C_2 die neue Basis $\{O; e'_v\}$ mit $e'_1 = -e_1 = k$, $e'_2 = -e_2$, $e'_3 = e_3$. Die Eulerschen Winkel lauten daher $\psi = \pi$, $\Theta = 0$, $\varphi = 0$, und die Drehung C_2 wird in $(\mathfrak{D})$ durch die Gleichung

$$\mathbf{x}' = \begin{bmatrix} -1 & 0 & 0 \\ 0 & -1 & 0 \\ 0 & 0 & 1 \end{bmatrix} \cdot \mathbf{x}, \quad \text{d. h.} \quad \begin{matrix} x' = -x \\ y' = -y \\ z' = z \end{matrix}$$

beschrieben ($x = x_1, y = y_2, z = x_3$; $x' = x'_1, y' = x'_2, z' = x'_3$). Analog können wir C'_2, $C''_2 \in \mathbf{D}_{2d}$ darstellen. Die den Drehungen C_2, C'_3, C''_2 auf diese Weise zugeordneten Transformationsmatrizen D, D', $D'' \in \mathbf{O}^+(3)$ lauten

$$C_2: D = \begin{bmatrix} -1 & 0 & 0 \\ 0 & -1 & 0 \\ 0 & 0 & 1 \end{bmatrix}, \quad C'_2: D' = \begin{bmatrix} 1 & 0 & 0 \\ 0 & -1 & 0 \\ 0 & 0 & -1 \end{bmatrix}, \quad C''_2: D'' = \begin{bmatrix} -1 & 0 & 0 \\ 0 & 1 & 0 \\ 0 & 0 & -1 \end{bmatrix}.$$

Sie bilden zusammen mit der Einheitsmatrix E eine Untergruppe $\mathbf{M}_3^+ = [E, D, D', D'']$ *sowohl von* $\mathbf{O}^+(3)$ *als auch von der speziellen linearen Gruppe* $\mathbf{SL}(3)$ *(vgl. 3.2.3.).* $\mathbf{M}_3^+$ *ist isomorph zur Drehsymmetriegruppe* $\mathbf{D}_2 = [E, C_2, C'_2, C''_2]$ *von Allen (3.4.2. b)).*

4.2.2.2. Klassen konjugierter Drehungen in $\mathfrak{D}_3^+$

$\{A \mid O\} = A \in \mathfrak{D}_3^+$ drehe den Raum im Sinne einer Rechtsschraube um die durch den Einheitsvektor $\mathbf{a}$ bestimmte Achse, $\{B \mid O\} = B \in \mathfrak{D}_3^+$ drehe entsprechend um die „Achse" $\mathbf{b}$.

Satz 4.3: *Zwei Drehungen* $A, B \in \mathfrak{D}_3^+$ *des Raumes um beliebige Achsen* $\mathbf{a}$ *und* $\mathbf{b}$ *sind* S.4.3 *genau dann konjugiert zueinander, d. h. es gibt ein* $X \in \mathfrak{D}_3^+$ *mit* $B = X^{-1} \cdot A \cdot X$, *wenn sie gleiche Drehwinkel besitzen. Dabei ist* X *jene Drehung um die Achse* $\mathbf{x} = \mathbf{a} \times \mathbf{b}$, *die durch* $X \cdot \mathbf{b} = \mathbf{a}$ *die Achse* $\mathbf{b}$ *in die Achse* $\mathbf{a}$ *überführt.*

Beweis: Wird die Drehung A bez. der Basis $\{O; \mathbf{e}_\nu\}$ durch die Matrix $[a_{\mu\nu}]$ dargestellt, so stellt dieselbe Matrix bez. der mit X^{-1} gedrehten Basis $\{O; \mathbf{e}'_\nu = X^{-1} \cdot \mathbf{e}_\nu\}$ gerade die konjugierte Drehung B dar: $B \cdot \mathbf{e}'_\nu = X^{-1} \cdot A \cdot X \cdot \mathbf{e}'_\nu = X^{-1} \cdot A \cdot \mathbf{e}_\nu$
$= X^{-1} \sum_{\mu=1}^{3} a_{\mu\nu} \mathbf{e}_\mu = \sum_{\mu=1}^{3} a_{\mu\nu} X^{-1} \cdot \mathbf{e}_\mu = \sum_{\mu=1}^{3} a_{\mu\nu} \mathbf{e}'_\mu$. Daher gehören zu A und B gleiche Drehwinkel, und $\mathbf{b}$ hat in $\{O; \mathbf{e}'_\nu\}$ die gleichen Koordinaten wie $\mathbf{a}$ in $\{O; \mathbf{e}_\nu\}$. ∎

4.2.3. Die Gruppe $\mathfrak{D}_3$ der Drehungen (vollständige Drehgruppe)

a) $\mathfrak{D}_3$ besteht aus allen Elementen $\{A \mid T\}$ mit $A \in \mathbf{O}(3)$ und $T = O$. Die Gruppeneigenschaft von $\mathfrak{D}_3$ ist wegen jener von $\mathbf{O}(3)$ gesichert. *Wie in 4.2.2. c) gilt hier ganz analog die Isomorphie* $\mathfrak{D}_3 \cong \mathbf{O}(3)$. *Mitunter werden deshalb die Bewegungen* $\{A \mid O\}$ *mit ihren Drehanteilen* A *identifiziert.*

b) Wegen $T = 0$, $A \in \mathbf{O}(3)$ gehört jedes Element von $\mathfrak{D}_3$ zu einer der Normalformen $(\mathfrak{B})$ [i] (det $A = 1$, *eigentliche Drehung*), [ii] (det $A = -1$, Drehspiegelung, also *uneigentliche Drehung*) oder [iii] (det $A = -1$, *Spiegelung*).

4.2.3.1. Parameterdarstellung der Spiegelungen von $\mathfrak{D}_3$

Wie für die eigentlichen Drehungen geben wir jetzt auch für die Spiegelungen eine solche Darstellung an.

An einer (Spiegel-)Ebene F durch den Ursprung $O \in \mathbf{E}^3$ werde ein beliebiger Punkt $P \in \mathbf{E}^3$ gespiegelt; Spiegelbild sei P'. Bezüglich der Basis $\{O; \mathbf{e}_\nu\}$ sei F durch die Gleichung $\sum_{\nu=1}^{3} a_\nu y_\nu = 0$ festgelegt, und P, P' sowie der Lotfußpunkt $Q \in F$ von P seien durch die Ortsvektoren $\mathbf{x} = \sum x_\nu \mathbf{e}_\nu$, $\mathbf{x}' = \sum x'_\nu \mathbf{e}_\nu$, $\mathbf{y} = \sum y_\nu \mathbf{e}_\nu$ $(\nu = 1, 2, 3)$

gegeben. Dann ist $\mathbf{n} = \sum n_\nu \mathbf{e}_\nu$ mit den Richtungskosinussen $n_\nu = \cos \alpha_\nu$
$= a_\nu / \sqrt{a_1^2 + a_2^2 + a_3^2}$ $(\alpha_\nu = \measuredangle(\mathbf{n}, \mathbf{e}_\nu))$ der Normaleneinheitsvektor von F. Mit $d = |\overrightarrow{QP}|$
und $\overrightarrow{QP} = d\mathbf{n}$ gilt dann $\mathbf{x}' = \mathbf{x} - 2d\mathbf{n}$ (Bild 4.3). Wegen $\mathbf{y} = \mathbf{x} - d\mathbf{n}$, $\mathbf{n} \cdot \mathbf{y} = 0$
und $\mathbf{n}^2 = 1$ ist dabei $d = \mathbf{n} \cdot \mathbf{x} = \sum n_\nu x_\nu$. Also gilt $\mathbf{x}' = \mathbf{x} - 2(\mathbf{n} \cdot \mathbf{x})\,\mathbf{n}$, d. h.

$$(\sigma) \qquad \mathbf{x}' = (E - 2H)\mathbf{x} \quad \text{mit} \quad H = \begin{bmatrix} n_1^2 & n_1 n_2 & n_1 n_3 \\ n_2 n_1 & n_2^2 & n_2 n_3 \\ n_3 n_1 & n_3 n_2 & n_3^2 \end{bmatrix}.$$

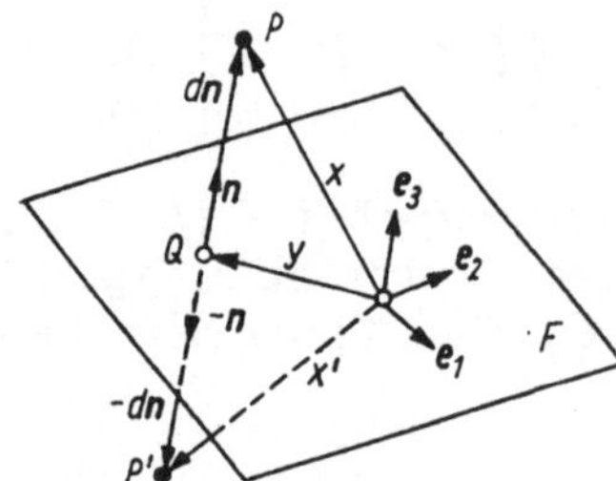

Bild 4.3. Spiegelung an einer Ebene

Die Normalform $(\mathfrak{B})$ [iii] für $t_1 = t_2 = 0$ erhalten wir hieraus für den Normaleneinheitsvektor $\mathbf{n} = (0, 0, 1)$ der x_1, x_2-Ebene F $(n_1 = n_2 = 0, n_3 = 1)$.

Beispiel 4.2: Die Matrix $E - 2H$, die durch (σ) die Spiegelsymmetrieoperation $\sigma_d' \in \mathbf{D}_{2d}$ (vgl. 2.3.1.3.)) darstellt, liegt fest, wenn der Normaleneinheitsvektor $\mathbf{n} = (n_1, n_2, n_3)$ der Spiegelebene σ_d' bekannt ist. Gemäß Bild 2.2(a) ist $\mathbf{n} = (\sqrt{2}/2, \sqrt{2}/2, 0)$. Für σ_d'' finden wir entsprechend $\mathbf{n} = (-\sqrt{2}/2, \sqrt{2}/2, 0)$. Es werden also σ_d' und σ_d'' dargestellt durch die Matrizen aus $\mathbf{O}(3)$:

$$\sigma_d': \Sigma' = \begin{bmatrix} 0 & -1 & 0 \\ -1 & 0 & 0 \\ 0 & 0 & 1 \end{bmatrix} \quad \text{und} \quad \sigma_d'': \Sigma'' = \begin{bmatrix} 0 & 1 & 0 \\ 1 & 0 & 0 \\ 0 & 0 & 1 \end{bmatrix}.$$

Diese beiden Matrizen $\Sigma', \Sigma'' \in \mathbf{O}(3)$ erzeugen zusammen mit den drei Matrizen $D, D', D'' \in \mathbf{O}(3)$ aus Beispiel 4.1 (4.2.2.1.), die die Drehungen $C_2, C_2', C_2'' \in \mathbf{D}_{2d}$ darstellen, eine lineare Matrizengruppe $\mathbf{M}_3 = [D, D', D'', \Sigma', \Sigma'']$, die zu $\mathbf{D}_{2d}$ isomorph ist: $\mathbf{D}_{2d} \cong \mathbf{M}_3$. Die beiden Matrizen aus $\mathbf{M}_3$, die die Drehspiegelungen $S_4, S_4^3 \in \mathbf{D}_{2d}$ darstellen, finden wir wegen $S_4 = C_2' \cdot \sigma_d'$ und $S_4^3 = C_{2,}'' \cdot \sigma_d'$ als Produkte der Matrizen D', D'', Σ', durch die C_2', C_2'' und σ_d' dargestellt werden:

$$S_4: S = \dot{D}' \cdot \Sigma' = \begin{bmatrix} 0 & -1 & 0 \\ 1 & 0 & 0 \\ 0 & 0 & -1 \end{bmatrix}, \quad S_4^3: S' = D'' \cdot \Sigma' = \begin{bmatrix} 0 & 1 & 0 \\ -1 & 0 & 0 \\ 0 & 0 & -1 \end{bmatrix}.$$

$\mathbf{M}_3$ lautet also vollständig: $\mathbf{M}_3 = [E, S, D, S', D', D'', \Sigma', \Sigma'']$.

4.2.3.2.   Die Inversion $i \in \mathfrak{D}_3$ bezüglich des Inversionszentrums $i = O \in \mathbf{E}^3$

Wir beachten auch, was wir durch 2.3.2.4. darüber wissen. *i ist jene Bewegung $i = \{I \mid O\} \in \mathfrak{D}_3$, die jeden Ortsvektor $\mathbf{x} = \overrightarrow{OP}$ in $\mathbf{x}' = -\mathbf{x} = \overrightarrow{OP'}$ überführt und dabei P auf $P' = i(P)$ abbildet (P und P' liegen bez. des Inversionszentrums $i = O$ „spiegel-*

bildlich"). Bezüglich $\{O; \mathbf{e}_\nu\}$ *ist* $\mathbf{x}' = -\mathbf{x} = I \cdot \mathbf{x}$. *Demnach wird i durch*

$$I = \begin{bmatrix} -1 & 0 & 0 \\ 0 & -1 & 0 \\ 0 & 0 & -1 \end{bmatrix} \in \mathbf{O}(3)$$

dargestellt. Wegen det $I = -1$ ist $i \notin \mathfrak{D}_3^+$ eine *uneigentliche Drehung. i ist gleich der Drehspiegelung an jeder beliebigen Drehspiegelachse durch O mit durch O gehender Spiegelebene, für die die zugehörige Drehung 180° beträgt* (s. Bild 4.4, vgl. 2.3.2.4.). Aus $i^2(\mathbf{x}) = i(i(\mathbf{x})) = -(-\mathbf{x}) = \mathbf{x}$ folgt, daß i *involutiv* ist: $i^2 = E \in \mathfrak{D}_3$ (entsprechend ist I^2 die Einheitsmatrix). Wir identifizieren jetzt einfachheitshalber wieder $\{B \mid O\}$ mit B. Aus $I \cdot \mathbf{x} = -\mathbf{x}$ folgt, daß I mit allen Drehungen $A \in \mathfrak{D}_3^+$ vertauschbar ist: $I \cdot A = A \cdot I$.

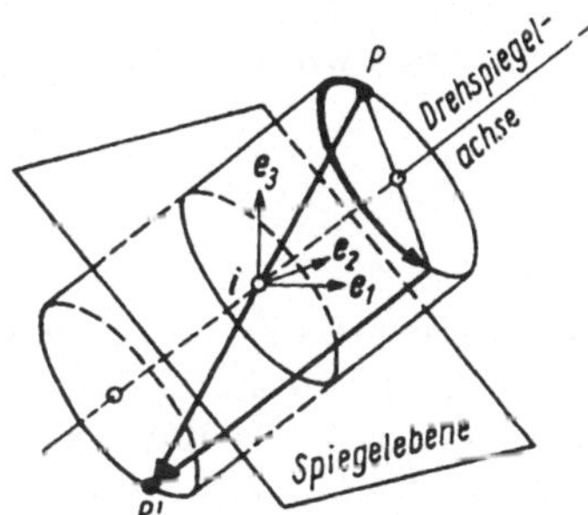

Bild 4.4. Die Inversion i an $i = O$ als Drehspiegelung

Diese uneigentlichen Drehungen $I \cdot A$ liefern offensichtlich alle möglichen Drehspiegelungen. Spiegelungen liefern sie dann, wenn eine Drehung A um 180° erfolgt. Vervollständigen wir $\mathfrak{D}_3^+$ durch die Elemente $I \cdot A$ ($A \in \mathfrak{D}_3^+$), so erhalten wir die vollständige Drehgruppe $\mathfrak{D}_3$. Sie kann sogar als direktes Produkt $\mathfrak{D}_3 = \mathfrak{D}_3^+ \times \langle I \rangle$ aus $\mathfrak{D}_3^+$ und der durch I erzeugten Untergruppe $\langle I \rangle = [E, I]$ von $\mathfrak{D}_3$ geschrieben werden.

4.2.3.3. Klassen konjugierter Drehungen von $\mathfrak{D}_3$

Unter Benutzung des Beweisverfahrens des Satzes 4.3 verallgemeinern wir dessen Aussage:

Satz 4.4: *Drehungen bzw. Drehspiegelungen aus $\mathfrak{D}_3$ um beliebige Achsen sind genau* S.4.4 *dann zueinander konjugiert, bilden also gerade eine Klasse, wenn sie zum gleichen Drehwinkel gehören. Eigentliche und uneigentliche Drehungen liegen niemals in einer Klasse.*

Bemerkung: Spiegelungen sind als Drehspiegelungen zum Drehwinkel 0° aufzufassen. Drehungen um eine durch einen Vektor gegebene Achse erfolgen im Sinne einer Rechtsschraube. Einen Beweis des Satzes finden wir in [10], § 6.

4.2.4. Die Translationsgruppe $\mathfrak{T}_3$ des E^3 und Untergruppen

a) $\mathfrak{T}_3$ *besteht aus allen Bewegungen* $\{E \mid T\}$ *aus* $\mathfrak{B}_3$ (*bzw.* $\mathfrak{B}_3^+$). Wir nennen sie wegen $\mathbf{x}' = \{E \mid T\} \cdot \mathbf{x} = E \cdot \mathbf{x} + T = \mathbf{x} + T$ die *Translationen* des E^3. Sie gehören zur Normalform ($\mathfrak{B}$) [iv] der Bewegungen (4.1.3.) und bilden eine abelsche Gruppe. Letzteres ergibt sich aus dem folgenden Satz:

S.4.5 Satz 4.5: *Es sei* $\mathfrak{B} = \{\{X \mid Y\} : X \in \mathbf{X} \subset \mathbf{O}(3), Y \in \mathbf{Y} \subset \mathbf{R}^3\} \subset \mathfrak{B}_3$ *eine beliebige Bewegungsgruppe,* $\mathfrak{D} = \{\{X \mid O\} : X \in \mathbf{X}\} \subset \mathfrak{B}$ *die Teilmenge der Drehanteile,* $\mathfrak{T} = \{\{E \mid Y\} : Y \in \mathbf{Y}\} \subset \mathfrak{B}$ *die der Translationsanteile.* $\mathfrak{D}$ *und* $\mathfrak{T}$ *bilden Untergruppen von* $\mathfrak{B}$; $\mathfrak{T}$ *ist abelsch.*

Beweis: a) $\{E \mid Y_1\} \cdot \{E \mid Y_2\} = \{E \mid Y_1 + Y_2\}$ und $\{E \mid Y\}^{-1} = \{E \mid -Y\}$ müssen für beliebige $Y_1, Y_2, Y \in \mathbf{Y}$ Elemente von $\mathfrak{B}$ sein, d. h., $Y_1 + Y_2$ und $-Y$ liegen in $\mathbf{Y}$. Daher gilt $\mathfrak{T} \cdot \mathfrak{T} \subset \mathfrak{T}$ und $\mathfrak{T}^{-1} \subset \mathfrak{T}$. Ferner ist $Y_1 + Y_2 = Y_2 + Y_1$, also $\mathfrak{T}$ abelsch.

b) Für die Drehungen $\{X \mid O\}$ verläuft der Beweis ganz wie in a). ∎

Offensichtlich ist $\mathfrak{T}_3$ *isomorph zum Vektormodul* $\mathbf{V}^3$ *und zum Modul* $\mathbf{R}^3$ *der geordneten Tripel reeller Zahlen (vgl. Beispiel 3.9):* $\mathfrak{T}_3 \cong \mathbf{V}^3 \cong \mathbf{R}^3$. *Deshalb wollen wir einfachheitshalber* $\{E \mid T\}$ *mit* T *identifizieren.*

b) Bezüglich einer nicht notwendig orthonormierten Basis $\{O; \mathbf{a}_1, \mathbf{a}_2, \mathbf{a}_3\}$ von $\mathbf{E}^3$ mit Basisvektoren $\mathbf{a}_\nu \in \mathbf{V}^3$ im Ursprung $O \in \mathbf{E}^3$ können wir T als Vektor eindeutig als Linearkombination

$$T = t_1 \mathbf{a}_1 + t_2 \mathbf{a}_2 + t_3 \mathbf{a}_3 = (t_1, t_2, t_3), \quad t_\nu \in \mathbf{R},$$

schreiben.

Für kristallographische Zwecke sind jene Translationen des $\mathbf{E}^3$ von Bedeutung, die durch ganzzahlige $t_\nu = g_\nu$ charakterisiert sind ($g_\nu = 0, \pm 1, \pm 2, \ldots$). Die Teilmenge $\mathfrak{T}_3' \subset \mathfrak{T}_3$ dieser Translationen $T = (g_1, g_2, g_3)$ bildet ganz wie die Menge $\mathfrak{T}_2'$ der Translationssymmetrien des ebenen NaCl-Gitters (2.3.3./3.1.1. 2.) eine Gruppe – eine Untergruppe von $\mathfrak{T}_3$.

Beispiel 4.3: Wählen wir gemäß Bild 2.7(a) $\mathbf{a}_1 = \mathbf{a}$, $\mathbf{a}_2 = \mathbf{b}$, $\mathbf{a}_3 = \mathbf{c}$ als Einheitstranslationen der räumlichen NaCl-Gitters, so ist $\mathfrak{T}_3'$ die Gruppe der Translationssymmetrien des räumlichen NaCl-Gitters.

c) Von großer Bedeutung, insbesondere in der Kristallographie, sind die folgenden Aussagen:

S.4.6 Satz 4.6: *In jeder Bewegungsgruppe* $\mathfrak{B}$ *bildet die Untergruppe* $\mathfrak{T}$ *der Translationen einen abelschen Normalteiler.*

Beweis: Nach Satz 4.5 ist $\mathfrak{T}$ eine abelsche Untergruppe von $\mathfrak{B}$. Die Normalteilereigenschaft von $\mathfrak{T}$ folgt aus $\{X \mid Y\}^{-1} \cdot \{E \mid T\} \cdot \{X \mid Y\} = \{X^{-1} \mid -X^{-1} \cdot Y\} \cdot \{E \mid T\} \cdot \{X \mid Y\} = \{E \mid X^{-1} \cdot T\}$, wenn X alle Elemente von $\mathbf{X}$ und Y sowie T alle Elemente von $\mathbf{Y}$ durchlaufen. Für $X = E$ durchläuft dann $X^{-1} \cdot T$ ganz $\mathbf{Y}$, also $\{E \mid X\}$ und $\{E \mid X^{-1} \cdot T\}$ ganz $\mathfrak{T}$. ∎
Ohne Beweis nehmen wir noch zur Kenntnis den

S.4.7 Satz 4.7: *Die Faktorgruppe* $\mathfrak{B}/\mathfrak{T}$ *einer Bewegungsgruppe nach der in ihr enthaltenen Translationsgruppe* $\mathfrak{T}$ *ist zur orthogonalen Gruppe* $\mathbf{X} \subset \mathbf{O}(3)$ *ihrer Drehanteile isomorph:* $\mathfrak{B}/\mathfrak{T} \cong \mathbf{X}$.

In der Kristallographie treten nun gerade solche Bewegungsgruppen $\mathfrak{B}$ *auf, deren translative Normalteiler* $\mathfrak{T}$ *je drei linear unabhängige Erzeugende* $\mathfrak{a}_1, \mathfrak{a}_2, \mathfrak{a}_3$ *besitzen und die das von den* $\mathfrak{a}_i$ *aufgespannte Gitter* $T = g_1 \mathfrak{a}_1 + g_2 \mathfrak{a}_2 + g_3 \mathfrak{a}_3$, $g_i \in \mathbf{Z}$, *mit sich zur Deckung bringen. Für solche* $\mathfrak{B}$ *ist die Faktorgruppe* $\mathfrak{B}/\mathfrak{T} \cong \mathbf{X}$ *stets endlich.*

Aufgaben

4.1. Durch die Punkte O: $(0, 0, 0)$, H_1: $(2, 2, 0)$, H_2: $(2, 0, 2)$, H_3: $(0, 2, 2)$ (rechtwinklige Koordina- $*$
ten) sei ein Tetraeder (ein NH_3-Molekül mit dem N-Kern in O, den H-Kernen in H_l) gegeben.

a) Durch $\mathbf{x}' = A \cdot \mathbf{x}$ werde das Tetraeder um $120°$ um die Drehsymmetrieachse durch O und den
Mittelpunkt des O gegenüberliegenden Dreiecks in eine neue Symmetrielage gedreht (von O aus
gesehen, mathematisch positiv). Wie lautet die Drehmatrix A? b) Welche Koordinaten haben die
Ecken O, H_l des Tetraeders nach einer Drehung um die Eulerschen Winkel $\varphi = 60°$, $\psi = 210°$,
$\Theta = 30°$? Handelt es sich dabei um eine Drehsymmetrieoperation?

4.2. Die Symmetrieoperationen der Symmetriegruppe $\mathbf{C}_3$ von $\triangle \subset \mathbf{E}^2$ (NH_3-Molekül, siehe $*$
Aufgabe 2.4 b) bzw. 3.1) sind durch Bewegungen $\{A \mid 0\}$ ($\mathbf{x}' = A \cdot \mathbf{x}$) zu realisieren. Wie lauten die
entsprechenden Transformationsmatrizen A? (Empfehlung: Löse die gleiche Aufgabe für $\square \subset \mathbf{E}^2$!).

5. Punktgruppen, Symmetriegruppen von Molekülen

5.1. Begriff der Punktgruppe

Wir informieren uns in 2.3.4. noch einmal über Symmetriemengen, deren Elemente einen gemeinsamen Fixpunkt besitzen, und führen folgenden Begriff ein:

D.5.1 **Definition 5.1:** *Eine Untergruppe der (vollständigen) Drehgruppe* $\mathfrak{D}_3$ *heißt* **Punktgruppe.** *Sie heißt von* **erster Art,** *wenn sie keine uneigentliche Drehung (Drehspiegelung bzw. Spiegelung) enthält, sonst von* **zweiter Art.**

Beispiel 5.1: Die Symmetriegruppe C_{2h} von H_2O_2 (Bild 2.6 bzw. Bild 5.1, wenn dort $\alpha = \pi/2$ wäre) ist nach 2.3.2.2. und 2.3.2.3. eine Punktgruppe zweiter Art. In seiner Gleichgewichtskonfiguration jedoch gestattet das H_2O_2-Molekül nach Bild 5.1 ($0 < \alpha < 90°$) offensichtlich nur eine Drehung C_2 um 180° um die Mittelachse C_2. Die Symmetriegruppe lautet dann $C_2 = [E, C_2]$ und ist eine Punktgruppe von erster Art. Die Symmetriegruppe D_{2d} und C_{2v} von Allen und H_2O sind Punktgruppen zweiter Art.

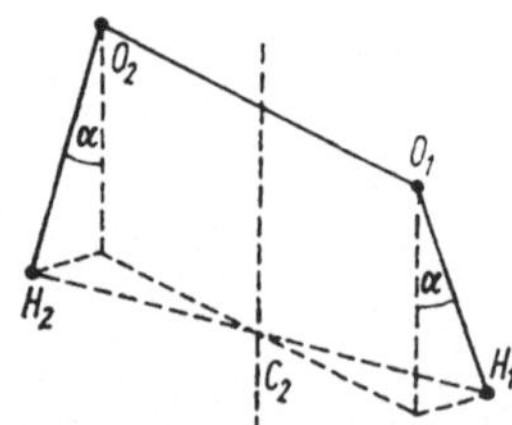

Bild 5.1. H_2O_2 (Gleichgewichts-Konfiguration, $0 < \alpha < \pi/2$; vgl. Bild 2.6)

Nach diesem Beispiel soll der Begriff Symmetriegruppe für den Fall, daß deren Elemente einen gemeinsamen Fixpunkt $O \in E^3$ besitzen, endlich auch streng formuliert werden:

D.5.2 **Definition 5.2:** *Gestattet ein physikalisches System (Molekül, Festkörper usw.) eine Punktgruppe (d. h., sind die Elemente dieser Gruppe Symmetrieoperationen des Systems), so heißt diese eine Symmetriegruppe des Systems, im vorliegenden Fall genauer eine* **Punktsymmetriegruppe,** *weil ein Punkt $O \in E^3$ Fixpunkt der Gruppe ist. Wir nennen sie* **volle** *oder einfach „die"* **Punktsymmetriegruppe** *des Systems, wenn sie alle möglichen Symmetrieoperationen des Systems zum gemeinsamen Fixpunkt O enthält.*

Bemerkung: Punktgruppen können wegen der Existenz eines Fixpunktes keine Translationen enthalten, so daß der Begriff der Punktsymmetriegruppe der passende Begriff zur Erfassung der Symmetrien endlich ausgedehnter Systeme (z. B. von Molekülen) ist oder solcher, bei denen wir uns nur für Dreh-, Drehspiegel- oder Spiegelsymmetrien interessieren. Anstelle von Punktsymmetriegruppe sagt man mitunter auch kürzer Punktgruppe des Systems.

5.2. Achsen einer Gruppe

Um bei der Klassifikation der Punktsymmetriegruppen gleich auch die Klassen konjugierter Drehungen angeben zu können, ist noch folgende Überlegung bzw. Definition nützlich:

Es sei C_n eine Drehung des $\mathbf{E}^3$ um die n-zählige Drehachse C_n. Wegen $C_n^n = E$ gilt für die zu C_n^ν ($\nu = 1, 2, \ldots, n-1$) inverse Drehung die Beziehung $(C_n^\nu)^{-1} = C_n^{-\nu} = C_n^n \cdot C_n^{-\nu} = C_n^{n-\nu}$ (vgl. 3.3.1. b)); d. h., die Drehung um $(\nu/n) \cdot 360°$ im mathematisch negativen Sinn stimmt mit jener um $((n-\nu)/n) \cdot 360°$ im positiven Sinn überein. Wichtig ist dabei, daß für $\nu = 1, 2, \ldots, n-1$ C_n^ν zu $C_n^{-\nu}$ konjugiert ist. Notwendig und hinreichend dafür ist die Konjugiertheit von C_n zu C_n^{-1}; denn es gilt:
$$X^{-1} \cdot C_n^\nu \cdot X = (X^{-1} \cdot C_n \cdot X)(X^{-1} \cdot C_n \cdot X) \ldots (X^{-1} \cdot C_n \cdot X) = C_n^{-1} \cdot C_n^{-1} \ldots C_n^{-1}$$
$$= C_n^{-\nu}.$$

Definition 5.3: *Enthält eine Punktgruppe eine Drehung C_n um die Achse C_n, so heißt*   **D.5.3** *C_n eine* **Achse der Gruppe**. *C_n heißt zwei- oder einseitig, je nachdem, ob die zugehörigen Drehungen C_n und C_n^{-1} zueinander konjugiert sind oder nicht.*

Beispiel 5.2: a) In der Punktsymmetriegruppe $\mathbf{D}_{2d}$ gilt nach Tafel 2.1 ($X = C_2'$ und $n = 2$): $C_2'^{-1} \cdot C_2 \cdot C_2' = C_2' \cdot C_2 \cdot C_2' = C_2 = C_2^{-1}$. Also ist die Achse C_2 des Allen-Moleküls zweiseitig (bilateral).

b) Das ebene Borsäure-Molekül (Bild 5.2) gestattet die Drehung C_3, C_3^2 um 120° und 240° um die senkrecht zur Molekülebene σ_h stehende, durch den Borkern verlaufende C_3-Achse der Ordnung (Zähligkeit) $n = 3$, ferner die Spiegelung σ_h und außer E noch die Drehspiegelungen $S_3 = \sigma_h \cdot C_3$, $S_3' = \sigma_h \cdot C_3^2$. Die Gruppentafel der mit $\mathbf{C}_{3h}$ bezeichneten Symmetriegruppe, $\mathbf{C}_{3h} = [E, C_3, C_3^2, S_3, S_3', \sigma_h]$, des Moleküls stelle der Leser selbst auf. Wir ersehen aus der Tafel, daß es kein $X \in \mathbf{C}_{3h}$ gibt, so daß $X^{-1} \cdot C_3 \cdot X = C_3^{-1}$ gilt. C_3 ist also eine einseitige Achse.

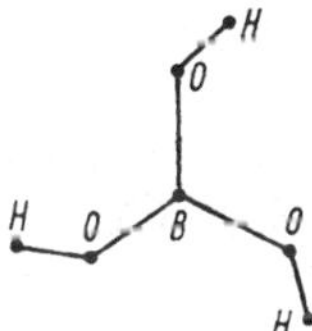

Bild 5.2. Ebenes Borsäure-Molekül

Daß eine Achse C_n zweiseitig ist, hängt offensichtlich damit zusammen, daß es eine zu C_n senkrechte Achse C_2 gibt oder eine Spiegelebene σ_v, die C_n enthält. Aus Satz 4.3 folgt nämlich für $X = C_2$: $C_2^{-1} \cdot C_n \cdot C_2 = C_2^{-1}$ (und daraus noch $C_2^{-1} \cdot C_n^\nu \cdot C_2 = C_n^{-\nu}$). Analog überlegen wir den Fall für σ_v.

5.3.   Klassifikation der Punktsymmetriegruppen erster Art

5.3.1.   Die Gruppen $\mathbf{C}_n$

Punktgruppen erster Art, die als einziges Symmetrieelement eine Drehachse C_n der Zähligkeit n besitzen, heißen vom Typ $\mathbf{C}_n$.

Eine $\mathbf{C}_n$-Gruppe ist von der Ordnung n; ihre Elemente sind die Drehungen $C_n^0 = E$, $C_n^1 = C_n$, C_n^2, $\ldots$, C_n^{n-1} des $\mathbf{E}^3$ um die Achse C_n um 0, $360/n$, $2 \cdot 360/n$, $\ldots$, $(n-1) \, 360/n$ Grad. C_n ist also erzeugendes Element der Gruppe; $\mathbf{C}_n$ ist damit eine zyklische Gruppe der Ordnung n,

$$\mathbf{C}_n = \langle C_n \rangle,$$

und gehört zur abstrakten Gruppe $\mathbf{Z}_n$ (3.5.1.).

$\mathbf{C}_n$ ist offenbar abelsch, so daß jedes Element C_n^ν ($\nu = 0, 1, \ldots, n-1$) eine Klasse konjugierter Elemente für sich bildet. $\mathbf{C}_n$ zerfällt also in n Klassen (s. 5.4.4.).

Beispiel einer C_n-Gruppe ist die Symmetriegruppe C_2 von H_2O_2 für $0 < \alpha < 90°$ (vgl. Beispiel 5.1 und Bild 5.1).

Besitzt eine Punktgruppe erster Art mehrere Drehachsen C_l, C_m, so verursacht jede für sich eine Untergruppe vom Typ C_l, C_m.

5.3.2. Die Gruppen D_n (Diedergruppen)

Punktgruppen erster Art, die eine (vertikale Haupt-)Drehachse C_n der Zähligkeit $n \geq 2$ und n dazu senkrechte (durch einen gemeinsamen Punkt von C_n verlaufende) zweizählige Drehachsen $C_2^{(1)}$, $C_2^{(2)}$, ..., $C_2^{(n)}$ besitzen, heißen vom Typ D_n.

Da wir diese Achsenkonstellation gerade in der Drehsymmetriegruppe des regelmäßigen zweiseitigen n-Ecks (Dieder) antreffen (Bild 2.4, $n = 6$), nennen wir die D_n-Gruppen auch Diedergruppen. Sie sind von der Ordnung $2n$. Die $2n$ Gruppenelemente von D_n sind gegeben: (1) durch die n Drehungen C_n^ν ($\nu = 0, 1, ..., n - 1$) um die Achse C_n, die eine Untergruppe C_n von D_n bilden; (2) durch die n Drehungen $C_2^{(1)}$, $C_2^{(2)}$, ..., $C_2^{(n)}$ um jeweils 180° um die Achsen $C_2^{(1)}$, $C_2^{(2)}$, ..., $C_2^{(n)}$, von denen benachbarte einen Winkel von $180/n$ Grad einschließen.

a) Ist $n = 2$, so liegen drei zueinander senkrechte Drehachsen der Zähligkeit zwei vor. Die Gruppe D_2 haben wir als Drehsymmetriegruppe des Allen-Moleküls in 3.4.2. b) kennengelernt; in 3.3.4. b) haben wir festgestellt, daß sie zur Kleinschen Vierergruppe V als abstrakter Gruppe gehören.

Da diese abelsch ist, bildet jedes der vier Elemente von D_2 eine Klasse für sich (s. 3.6.1.c), (E$_2$)); D_2 besitzt vier Klassen.

b) Für $n \geq 3$ haben wir zwei unterschiedliche Achsenkonstellationen bez. der $C_2^{(\nu)}$-Achsen zu studieren:

$n = 2m$: Durch die Drehungen C_n^ν ($\nu = 0, 1, ..., n - 1$) wird die Achse $C_2^{(1)}$ in die Achsen $C_2^{(3)}$, $C_2^{(5)}$, ..., $C_2^{(n-1)}$ übergeführt und analog $C_2^{(2)}$ in $C_2^{(4)}$, $C_2^{(6)}$, ..., $C_2^{(n)}$. Bezeichnungsmäßig drücken wir dies durch $C_2^{(1)} = C_2'$, $C_2^{(3)} = C_2''$, $C_2^{(5)} = C_2'''$, ... bzw. $C_2^{(2)} = \dot{C}_2$, $C_2^{(4)} = \ddot{C}_2$, $C_2^{(6)} = \dddot{C}_2$, ... aus und nennen die Achsen jeder der beiden Sorten untereinander äquivalent (Bild 2.4). Zu jeder Klasse gehört dann eine Klasse konjugierter Drehungen

$$(C_2') = \{C_2', C_2'', ...\}, \qquad (\dot{C}_2) = \{\dot{C}_2, \ddot{C}_2, ...\}.$$

Ferner verteilen sich die Drehungen C_n^ν ($\nu = 0, 1, ..., n - 1$) um C_n offenbar auf die Klassen

$$(C_n^0) = \{E\}, \ (C_n^1) = \{C_n, C_n^{2m-1}\}, ..., (C_n^{m-1}) = \{C_n^{m-1}, C_n^{m+1}\}, (C_n^m) = \{C_n^m\}.$$

Dies ergibt sich nach 5.2. bzw. dem Satz 4.4 aus der Tatsache, daß die Achse C_n wegen der zweizähligen Achsen $C_2^{(\nu)}$ zweiseitig sein muß.

$n = 2m + 1$: Durch die Drehungen C_n^ν ($\nu = 0, 1, ..., n - 1$) wird bereits eine einzige der Achsen $C_2^{(\mu)}$ ($\mu \in \{1, ..., n\}$) in alle anderen dieser Art übergeführt (Bild 5.3)

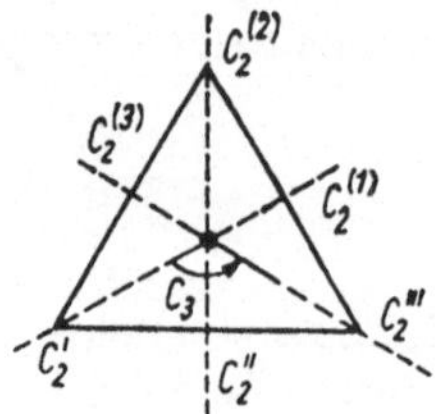

Bild 5.3. Zur Diedergruppe für ungerades n ($= 3$)

d. h., alle $C_2^{(\nu)}$ sind äquivalent und bilden eine Klasse, zu der eine Klasse konjugierter Drehungen

$$\{C_2', C_2'', \ldots\}$$

gehört ($C_2^{(1)} = C_2'$, $C_2^{(2)} = C_2''$ usw.). Die Drehungen C_n^ν verteilen sich entsprechend diesen Ausführungen nun auf die Klassen

$$(C_n^0) = \{E\}, \quad (C_n^1) = \{C_n, C_n^{2m}\}, \quad \ldots, \quad (C_n^m) = \{C_n^m, C_n^{m+1}\}.$$

Die Anzahl der Klassen konjugierter Elemente, also die Klassenzahl $k(\mathbf{D}_n)$ lautet demnach

$$k(\mathbf{D}_n) = \begin{cases} m + 3 & \text{für } n = 2m, \\ m + 2 & \text{für } n = 2m + 1. \end{cases}$$

Als ein minimales Erzeugendensystem für Gruppen vom Typ $\mathbf{D}_n$ stellen wir $\{C_n, C_2^\nu\}$ ($\nu \in \{1, \ldots, n\}$) fest, so daß wir die Diedergruppe $\mathbf{D}_n$ z. B. durch

$$\mathbf{D}_n = \langle C_n, C_2' \rangle$$

beschreiben können.

Beispiel einer Gruppe vom Typ $\mathbf{D}_n$ ist die Drehsymmetriegruppe der eigentlichen Drehungen des Benzenringes (Bild 2.4) oder jene des Allen-Moleküls vom Typ $\mathbf{D}_2$.

5.3.3. Die Gruppen T (Tetraedergruppen)

$\mathbf{T}$ ist durch die Drehsymmetriegruppe eines regelmäßigen Tetraeders gegeben. Es ist zu beachten, daß die Tetraedergruppe bei Klassifikationen, die von der Unterteilung in Punktgruppen 1. und 2. Art absehen, durch die volle Symmetriegruppe des Tetraeders erklärt ist und dann statt 12 doppelt so viele, nämlich 24 Elemente besitzt. Die 12 Drehsymmetrien des Tetraeders sind folgendermaßen zu finden: Offensichtlich (Bild 5.4) gibt es vier dreizählige Achsen C_3', C_3'', C_3''', $C_3^{(4)}$ – durch jeden Eckpunkt und den Mittelpunkt des gegenüberliegenden Dreiecks jeweils eine. Dazu gehören die Drehungen C_3', C_3'', C_3''', $C_3^{(4)}$ um 120° und $C_3'^2$, $C_3''^2$, $C_3'''^2$, $(C_3^{(4)})^2$ um 240°. Ferner existiert zu jedem der drei Paare gegenüberliegender Kanten eine zweizählige Achse durch deren Mittelpunkte: C_2', C_2'', C_2'''. Dazu gehören die Drehsymmetrien C_2', C_2'', C_2''' um 180°.

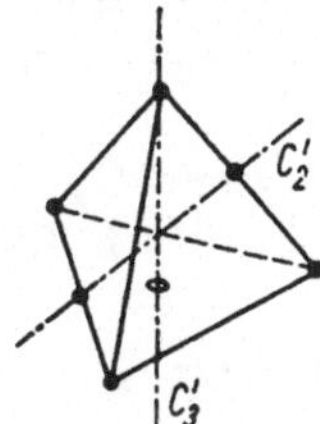

Bild 5.4. Zur Tetraedergruppe

Nach Satz 4.4 erhalten wir somit die vier Klassen

$$(E), (C_3') = \{C_3', C_3'', C_3''', C_3^{(4)}\}, \quad (C_3'^2) = \{C_3'^2, C_3''^2, C_3'''^2, (C_3^{(4)})^2\}$$
$$(C_2') = \{C_2', C_2'', C_2'''\}.$$

Es ist also $k(\mathbf{T}) = 4$.

5.3.4. Die Gruppen O (Oktaedergruppen)

Gruppen vom Typ **O** sind durch die Drehsymmetriegruppe eines Würfels gegeben. Diese ist von der Ordnung 24. Folgende Achsenkonstellation am Würfel liegt nämlich vor: Es gibt drei zweiseitige äquivalente C_4-Achsen C_4', C_4'', C_4''' (durch die Mittelpunkte einander gegenüberliegender Quadrate) mit den neun dazugehörigen Drehungen $C_4'^\nu$, $C_4''^\nu$, $C_4'''^\nu$ ($\nu = 1, 2, 3$); vier zweiseitige äquivalente C_3-Achsen C_3', C_3'', C_3''', $C_3^{(4)}$ (durch je zwei gegenüberliegende Ecken stets eine) mit den acht zugehörigen Drehungen $C_3'^\nu$, $C_3''^\nu$, $C_3'''^\nu$, $(C_3^{(4)})^\nu$ ($\nu = 1, 2$); sechs äquivalente C_2-Achsen C_2', C_2'', ..., $C_2^{(6)}$ (durch die Mittelpunkte gegenüberliegender Kanten) mit den sechs Drehungen C_2', C_2'', ..., $C_2^{(6)}$. Zusammen mit dem Einselement haben wir also 24 Drehsymmetrieoperationen festgestellt. Nach geeigneter Orientierung der Drehachsen finden wir in **O** folgende fünf Klassen:

$$(E), \ (C_4') = \{C_4^{(\nu)}, (C_4^{(\nu)})^3 : \nu = 1, 2, 3\}, \ (C_4'^2) = \{(C_4^{(\nu)})^2 : \nu = 1, 2, 3\}.$$
$$(C_3') = \{C_3^{(\mu)}, (C_3^{(\mu)})^2 : \mu = 1, 2, 3, 4\}, \ (C_2') = \{C_2', ..., C_2^{(6)}\}.$$

Es gilt $k(\mathbf{O}) = 5$.

5.3.5. Die Gruppen Y (Ikosaedergruppen)

Y ist durch die Drehsymmetriegruppe des Pentagondodekaeders gegeben. Sie besitzt 60 Drehsymmetrien, die sich zu fünf Klassen zueinander konjugierter zusammenschließen: $k(\mathbf{Y}) = 5$ (siehe [10]).

5.3.6. Die unendlichen Punktgruppen C∞ und D∞

Beispiel einer Gruppe vom Typ $\mathbf{C}_\infty$ ist die Drehsymmetriegruppe des HCN-Moleküls (Bild 5.5). Sie besitzt eine C_∞-Drehachse durch den H-, C- bzw. N-Kern, um die das Molekül um jeden beliebigen Winkel drehbar ist.

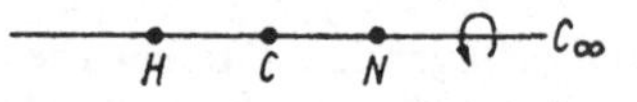

Bild 5.5. HCN-Molekül

Die Gruppen $\mathbf{C}_\infty$ sind also Punktgruppen erster Art mit nur einer Achse, und zwar einer vom Typ $\mathbf{C}_\infty$ (um die der $\mathbf{E}^3$ um beliebige Winkel gedreht werden kann).

Beispiel einer Gruppe vom Typ $\mathbf{D}_\infty$ ist die Drehsymmetriegruppe des CO_2-Moleküls (Bild 2.1(a)). Sie besitzt eine C_∞-Drehachse durch den C-Kern bzw. durch die O-Kerne, die eine Untergruppe vom Typ $\mathbf{C}_\infty$ verursacht, und unendlich viele C_2-Drehachsen senkrecht zur Achse C_∞ durch den C-Kern.

Die Gruppen $\mathbf{D}_\infty$ sind also Punktgruppen erster Art mit einer C_∞-Achse und unendlich vielen C_2-Achsen senkrecht zur Achse C_∞ und durch einen Punkt von ihr.

5.3.7. Klassifikationstabelle für Punktsymmetriegruppen erster Art

Da wir die Symmetrieverhältnisse z. B. bei einem Molekül, Kristall usw. zuerst durch deren Symmetrieelemente wahrnehmen, erweist es sich als zweckmäßig, die Anzahl der Drehachsen und deren Zähligkeit zu einer Gruppe zu notieren. Ferner sollte für die Belange der Darstellungstheorie die Klassenzahl zu einer Gruppe angegeben werden (um die Anzahl der irreduziblen Darstellungen ansagen zu können). Diese Erfordernisse erfüllen z. B. die in [10] gegebenen Aufstellungen, auf die wir uns hier und in Tafel 5.1 beziehen.

Tafel 5.1. Punktgruppen erster Art der verschiedenen Achsenkonstellationen; ihre Klassenzahlen

Typ X	Ord-nung	Klassenzahl $k(X)$	Anzahl der Achsen der Zähligkeit z					
			$z = 2$	$z = 3$	$z = 4$	$z = 5$	$z = n$	$z = \infty$
C_n	n	n					1	
D_n	$2n$	$\dfrac{n}{2} + 3$ für n gerade $\dfrac{n+3}{2}$ für n ungerade	n				1	
T	12	4	3	4				
O	24	5	6	4	3			
Y	60	5	15	10		6		
C_∞	∞	∞						1
D_∞	∞	∞	∞					1

5.4. Klassifikation der Punktsymmetriegruppen zweiter Art

S.5.1

Satz 5.1: *Punktgruppen* P *zweiter Art, unter deren Elementen sich keine Inversion befindet, sind zu Punktgruppen* P' *erster Art isomorph.*

Beweis: Ist $P = P^+ \cup P^-$ die Nebenklassenzerlegung von P nach dem Normalteiler P^+ der eigentlichen Drehungen von P (vgl. 4.2.1. c)), so ist $P' = P^+ \cup i \cdot P^-$ eine Punktgruppe erster Art, wobei $i \cdot B \notin P^+$ für $B \in P^-$ gilt. Die Abbildung $\varphi \colon P \to P'$ mit $\varphi(A) = A$ für $A \in P^+$ und $\varphi(B) = i \cdot B$ ist dann ein Isomorphismus, denn es gilt $\varphi(A \cdot B) = i \cdot (A \cdot B) = A \cdot (i \cdot B) = \varphi(A) \cdot \varphi(B)$ usw. ∎

Neue Gesichtspunkte werden also solche Punktgruppen P zweiter Art bringen, die eine Inversion enthalten. Sie sind von der Gestalt

$$P = P^+ \times C_i.$$

C_i ist die Punktgruppe $C_i = [E, i]$ von zweiter Art, P^+ der Normalteiler der eigentlichen Drehungen von P.

5.4.1. Die Gruppen S_n für $n = 2m$ und $n = 2m - 1$

Punktgruppen zweiter Art, die lediglich eine Drehspiegelachse S_n der Zähligkeit n besitzen, heißen vom Typ S_n.

$n = 2m$: Die Elemente von S_{2m} werden von den Potenzen eines Elementes gebildet: $S_{2m}^0 = E$, $S_{2m}^1 = S_{2m}$, $S_{2m}^2, \ldots, S_{2m}^{2m-1}$; S_{2m} ist eine Drehspiegelung an S_{2m} zum Drehwinkel $180/m$. S_{2m} ist also zyklisch von der Ordnung $2m$ und offensichtlich zu C_{2m} isomorph:

$$S_{2m} = \langle S_{2m} \rangle \cong C_{2m}.$$

S_{2m} gehört also zur abstrakten Gruppe Z_{2m}. Die Potenzen S_{2m}^v mit geradzahligem Exponenten bilden eine Untergruppe vom Typ $C_m = \langle C_m \rangle$.

Spezielle Aufgaben löst die Gruppe

$$\mathbf{S}_2 = [E, S_2] = [E, i] = \langle i \rangle.$$

Sie wird mit $\mathbf{C}_i$ bezeichnet.

Beispiele von $\mathbf{S}_{2m}$-Gruppen sind die $\mathbf{S}_4$ des Allen-Moleküls (3.4.2. b)) oder die $\mathbf{S}_6$ des Benzenringes (Bild 2.4).

$n = 2m - 1$: Die $\mathbf{S}_{2m-1}$-Gruppen ($m = 1, 2, \ldots$) sind zyklisch von der Ordnung $2n$, gehören also zur abstrakten Gruppe $\mathbf{Z}_{2n}$. Erzeugendes Element ist die Drehspiegelung S_n, die durch $S_n = C_n \cdot \sigma_h$ entsteht, wobei C_n, $\sigma_h \in \mathbf{S}_{2m-1}$ selbst Symmetrieoperationen sind; σ_h bedeutet die Spiegelung an der zur Drehspiegelachse S_n gehörigen horizontalen Ebene σ_h. Daher gilt

$$\mathbf{S}_{2m-1} = \langle S_{2m-1} \rangle = \langle C_{2m-1}, \sigma_h \rangle.$$

Die Gruppen $\mathbf{S}_{2m-1}$ sind in den Gruppen $\mathbf{C}_{nh}$ bzw. $\mathbf{C}_s$ mit erfaßt. Die Klassenzahlen lauten

$$k(\mathbf{S}_n) = \begin{cases} n & \text{für } n = 2m, \\ 2n & \text{für } n = 2m - 1, \end{cases}$$

denn die Gruppen sind abelsch.

5.4.2.   Die Gruppen $\mathbf{C}_{nh}$ und $\mathbf{C}_s$

Punktgruppen mit nur einer (vertikalen Haupt-)Drehachse C_n und einer (dazu senkrechten) horizontalen Spiegelebene σ_h heißen vom Typ $\mathbf{C}_{nh}$.

Sie sind von der Ordnung $2n$, besitzen die Drehungen $C_n^0 = E$, $C_n^1 = C_n$, $C_n^2, \ldots, C_n^{n-1}$, die Spiegelung σ_h, die Drehspiegelungen $S_n = \sigma_h \cdot C_n$, $S_n^{(2)} = \sigma_h \cdot C_n^2, \ldots, S_n^{(n-1)} = \sigma_h \cdot C_n^{(n-1)}$ und haben deshalb das minimale Erzeugendensystem $\{C_n, \sigma_h\}$:

$$\mathbf{C}_{nh} = \langle C_n, \sigma_h \rangle.$$

Speziell gilt $\mathbf{C}_{1h} = \langle \sigma_h \rangle$. Für $\mathbf{C}_{1h}$ schreiben wir $\mathbf{C}_{1h} = \mathbf{C}_s$. Wegen $C_n^\nu \cdot \sigma_h = \sigma_h \cdot C_n^\nu$ ($\nu = 0, 1, \ldots, n - 1$) und $\mathbf{C}_n \cap \mathbf{C}_s = \{E\}$ läßt sich daher $\mathbf{C}_{nh}$ als direktes Produkt

$$\mathbf{C}_{nh} = \mathbf{C}_n \times \mathbf{C}_s$$

schreiben.

Für ungerades n ist $\mathbf{C}_{nh}$ vom Gruppentyp $\mathbf{S}_n$ (5.4.1.), gehört also zur abstrakten Gruppe $\mathbf{Z}_{2n}$.

Für gerades n ergibt sich ein neuer Gesichtspunkt, da dann die Inversion $i \in \mathbf{C}_{nh}$ auf das direkte Produkt

$$\mathbf{C}_{nh} = \mathbf{C}_n \times \mathbf{C}_i = \langle C_n, i \rangle$$

führt und $\{C_n, i\}$ ein minimales Erzeugendensystem bildet.

Für die Klassenzahl k gilt

$$k(\mathbf{C}_{nh}) = 2n,$$

da $\mathbf{C}_{nh}$ offenbar abelsch ist.

Als Beispiel sehen wir uns Bild 2.6 bzw. 3.1.1.1. nochmals an und beachten auch die Isomorphien in 3.3.4. b) sowie Beispiel 5.2 b).

5.4.3. Die Gruppen C_{nv}

Punktgruppen zweiter Art, die nur eine Drehachse C_n besitzen und n vertikale Spiegelebenen $\sigma_v^{(1)}, \sigma_v^{(2)}, \ldots, \sigma_v^{(n)}$, die C_n enthalten, heißen vom Typ C_{nv}.

Die Konstellation zwischen C_n und den $\sigma_v^{(v)}$-Ebenen ist hier offenbar die gleiche wie bei den Gruppen D_n zwischen C_n und den $C_2^{(v)}$-Achsen:

$n = 2m$: Die Drehungen C_n^v ($v = 1, \ldots, n - 1$) führen die Spiegelebene $\sigma_v^{(1)} = \sigma_v'$ über in $\sigma_v^{(3)} = \sigma_v''$, $\sigma_v^{(5)} = \sigma_v'''$, ... und die Spiegelebene $\sigma_v^{(2)} = \sigma_d'$ in $\sigma_v^{(4)} = \sigma_d''$, $\sigma_v^{(6)} = \sigma_d'''$, ... (s. Bild 2.4). Der Index d bedeutet, daß σ_d den Winkelbereich benachbarter σ_v-Ebenen halbiert. Die σ_v-Ebenen und die σ_d-Ebenen bleiben jeweils unter sich.

$n = 2m + 1$: Hier geht $\sigma_v^{(1)}$ vermöge der Drehungen C_n^v ($v = 1, \ldots, n - 1$) in alle anderen $\sigma_v^{(\mu)}$ ($\mu = 2, \ldots, n$) über. Wir bezeichnen daher nur: $\sigma_v^{(1)} = \sigma_v'$, $\sigma_v^{(2)} - \sigma_v''$ usw.

Die Gruppen D_n und C_{nv} sind vermöge der eineindeutigen Abbildung $\varphi : D_n \to C_{nv}$ mit $\varphi(C_n^v) = C_n^v$ und $\varphi(C_2^{v+1}) = \sigma_v^{(v+1)}$ ($v = 0, 1, \ldots, n - 1$) zueinander isomorph. C_{nv} hat also die Ordnung $2n$, ist für $n > 2$ nichtabelsch und hat wie D_n die Klassenzahlen

$$
k(C_{nv}) = \begin{cases} \dfrac{n}{2} + 3 & \text{für } n = 2m, \\[2mm] \dfrac{n + 3}{2} & \text{für } n = 2m + 1. \end{cases}
$$

C_{nv} besitzt z. B. $\{C_n, \sigma_v'\}$ als ein minimales Erzeugendensystem, also gilt

$$
C_{nv} = \langle C_n, \sigma_v' \rangle.
$$

Beispiel einer C_{nv}-Gruppe ist die Gruppe C_{2v} des H_2O-Moleküls (Bild 2.5). In 3.3.4. a) bzw. b) finden wir dazu Ausführungen, insbesondere zur Isomorphie $C_{2v} \cong D_2$.

5.4.4. Die Gruppen D_{nh}

Eine Punktgruppe, die eine (vertikale Haupt-)Drehachse C_n, n dazu orthogonale (durch einen gemeinsamen Punkt von C_n verlaufende) C_2-Achsen und eine (diese C_2-Achsen enthaltende) σ_h-Spiegelebene besitzt, heißt vom Typ D_{nh}.

Sie ist als volle Symmetriegruppe eines regelmäßigen n-Ecks anzusehen und entsteht aus der Gruppe $D_n = \langle C_n, C_2 \rangle$ dadurch, daß jetzt auch die Spiegelung σ_h an der Ebene σ_h des n-Ecks zugelassen wird. $\{C_n, C_2', \sigma_h\}$ bilden ein minimales Erzeugendensystem für D_{nh}:

$$
D_{nh} = \langle C_n, C_2', \sigma_h \rangle.
$$

D_{nh} ist von der Ordnung $4n$; als Elemente treten auf: die $2n$ Drehungen C_n^v ($v = 0, 1, \ldots, n - 1$) und $C_2^{(\mu)}$ ($\mu = 1, \ldots, n$), n Spiegelungen $\sigma_v^{(\mu)} = C_2^{(\mu)} \cdot \sigma_h$ jeweils an einer Ebene $\sigma_v^{(\mu)}$ durch $C_2^{(\mu)}$ und C_n, n Drehspiegelungen $S_n^{(\mu)}$ ($\mu = 1, \ldots, n$) an der Drehspiegelachse aus C_n und δ_h (σ_h ist eines der $S_n^{(\mu)}$).

Da das minimale Erzeugendensystem der $\mathbf{D}_{nh}$ jenes der Gruppen $\mathbf{D}_n$, $\mathbf{C}_{nh}$ und $\mathbf{C}_{nv}$ enthält, treten diese als Untergruppen von $\mathbf{D}_{nh}$ auf und als Untergruppe von $\mathbf{D}_n$, $\mathbf{C}_{nh}$ und $\mathbf{C}_{nv}$ auch noch $\mathbf{C}_n$.

Die Klassenzahl von $\mathbf{D}_{nh}$ lautet

$$k(\mathbf{D}_{nh}) = \begin{cases} n + 6 & \text{für gerades } n, \\ n + 3 & \text{für ungerades } n. \end{cases}$$

Da die Achse $\mathbf{C}_n$ zweiseitig ist, bilden die Drehungen in bekannter Weise die Klassen $\{C_n, C_n^{n-1}\}, \{C_n^2, C_n^{n-2}\}$ usw., und analog verhalten sich die Drehspiegelungen (Sätze 4.3 und 4.4 in Verbindung mit 5.2.). Die n Drehungen $C_2^{(\mu)}$ bilden ebenso wie in den Diedergruppen $\mathbf{D}_n$ für gerades n zwei Klassen $\{C_2', C_2'', \ldots\}$ und $\{\dot{C}_2, \ddot{C}_2, \ldots\}$ und für ungerades n eine Klasse. Ganz analog verhalten sich die Spiegelungen $\sigma_v^{(\mu)}$: Sie bilden aus den gleichen Gründen die Klassen $\{\sigma_v', \sigma_v'', \ldots\}$, $\{\sigma_d', \sigma_d'', \ldots\}$ für gerades n und sonst nur eine Klasse.

Ein Beispiel dafür findet man in [12], 2.7., Beispiel 3 b, ein weiteres in Aufgabe 5.2 c).

5.4.5. Die Gruppen $\mathbf{D}_{nd}$

Sie besitzen das Erzeugendensystem $\{C_n, C_2, \sigma_d\}$, können also für $n \geq 2$ durch

$$\mathbf{D}_{nd} = \langle C_n, C_2, \sigma_d \rangle$$

charakterisiert werden. σ_d ist dabei eine vertikale Spiegelebene, die die Hauptdrehachse C_n enthält und den Winkel zwischen benachbarten C_2-Achsen halbiert, die bei den Drehungen C_n^ν ($\nu = 0, 1, \ldots, n - 1$) um C_n um $360/n$ Grad aus der C_2-Achse entstehen.

$\mathbf{D}_{nd}$ kann als volle Symmetriemenge des n-seitigen Doppelprismas interpretiert werden, das entsteht, wenn wir ein n-seitiges Prisma horizontal zerschneiden und die eine Hälfte um $180°/n$ Grad gegen die andere verdrehen.

$\mathbf{D}_{nd}$ ist von der Ordnung $4n$, die Klassenzahl lautet

$$k(\mathbf{D}_{nd}) = n + 3$$

(vgl. Beispiel 3.24). Wir beachten dabei, daß die Referenzachse vom Typ $\mathbf{S}_{2n}$ und zweiseitig ist. Demgemäß haben wir eine Klasse (C_2) aus den Drehungen um die horizontalen Achsen, eine Klasse (σ_d) aus den Spiegelungen an den n vertikalen Spiegelebenen und $n + 1$ Klassen $(S_{2n}^0), (S_{2n}^1), \ldots, (S_{2n}^n); (S_{2n}^0 = E)$ aus den Drehspiegelungen.

Beispiel 5.3: Die (volle) Symmetriegruppe $\mathbf{D}_{2d}$ des Allen-Moleküls (Bild 2.2) haben wir genauestens studiert und finden unsere allgemeinen Festlegungen über $\mathbf{D}_{nd}$ bestätigt (vgl. 2.3.1.; 3.6.1. Beispiel 3.18, 3.20).

5.4.6. Die Gruppen $\mathbf{T}_h$

Eine Punktgruppe, die als direktes Produkt aus der Tetraedergruppe $\mathbf{T}$ (der Drehsymmetriegruppe eines Tetraeders) und der Punktgruppe $\mathbf{C}_i = \langle i \rangle$ aufgefaßt werden kann, heißt vom Typ $\mathbf{T}_h$:

$$\mathbf{T}_h = \mathbf{T} \times \mathbf{C}_i,$$

$i = 0$ ist der Mittelpunkt des Tetraeders.

Wir beziehen uns jetzt auf die Bezeichnungen in 5.3.3. Die vier Produkte $C_3^{(\mu)} \cdot i$ ($\mu = 1, 2, 3, 4$) liefern vier Drehspiegelungen $(S_6^{(\mu)})^5$ um 300° bez. der als Drehspiegelachsen $S_6^{(\mu)}$ aufzufassenden Drehachsen $C_3^{(\mu)}$ (mit dazu senkrechten Spiegelebenen durch i). Dazu kommen vier Drehspiegelungen $S_6^{(\mu)} = (C_3^{(\mu)})^2 \cdot i$ zum Winkel 60° bez. $S_6^{(\mu)}$. Ferner haben wir noch die drei Spiegelungen $C_2' \cdot i$, $C_2'' \cdot i$, $C_2''' \cdot i$, so daß wir 24 Symmetrieoperationen haben und zu den Klassen der Gruppe T zusätzlich noch die vier Klassen (i), $(S_6^{(1)})$, $(S_6^{(1)})^5$ und $(C_2' \cdot i)$. Also gilt

$$k(\mathbf{T_h}) = 8.$$

5.4.7. Die Gruppen $\mathbf{T_d}$ (volle Tetraedergruppe)

Alle Punktgruppen, die als volle Symmetriegruppe eines regelmäßigen Tetraeders auftreten können, heißen vom Typ $\mathbf{T_d}$.

Die Ordnung der $\mathbf{T_d}$ ist 24. Zu den 12 schon vorhandenen Drehsymmetrien der Untergruppe T von $\mathbf{T_d}$ kommen noch sechs Drehspiegelungen und sechs Spiegelungen. Alle Achsen von $\mathbf{T_d}$ sind zweiseitig, so daß gilt:

$$k(\mathbf{T_d}) = 5.$$

Die Gruppen vom Typ $\mathbf{T_d}$ sind zu denen vom Typ $\mathbf{T_h}$ nicht isomorph.

5.4.8. Die Gruppen $\mathbf{O_h}$ (volle Oktaedergruppe)

Alle Punktgruppen, die als direktes Produkt $\mathbf{O_h} = \mathbf{O} \times \mathbf{C}_i$ geschrieben werden können, heißen vom Typ $\mathbf{O_h}$. Sie treten als Symmetriegruppe eines Oktaeders auf.

Die Ordnung der $\mathbf{O_h}$ ist 48. Die Gruppe $\mathbf{O}$ ist eine Untergruppe von $\mathbf{O_h}$. Zu den 24 Drehsymmetrien am Würfel finden wir weitere 24 uneigentliche Drehsymmetrien (bzw. Spiegelungen), die fünf Klassen bilden, so daß mit denen von $\mathbf{O}$ insgesamt 10 Klassen entstehen:

$$k(\mathbf{O_h}) = 10.$$

5.4.9. Die Gruppen $\mathbf{Y_h}$ (volle Ikosaedergruppe)

Punktgruppen, die sich als direktes Produkt $\mathbf{Y} \times \mathbf{C}_i$ schreiben lassen, heißen vom Typ $\mathbf{Y_h}$. Sie treten als volle Symmetriegruppe der Ordnung 120 eines Ikosaeders auf und zerfallen in zehn Klassen:

$$k(\mathbf{Y_h}) = 10.$$

5.4.10. Die Gruppen $\mathbf{C_{\infty h}}$, $\mathbf{C_{\infty v}}$, $\mathbf{D_{\infty v}}$

Die volle Symmetriegruppe eines CO_2-Moleküls (Bild 2.1(a)) ist vom Typ $\mathbf{D_{\infty v}}$, jene des HCN-Moleküls (Bild 5.5) vom Typ $\mathbf{C_{\infty v}}$.

$\mathbf{C_{\infty v}}$ enthält also eine C_∞-Achse und jede Ebene durch diese Achse als Spiegelebene σ_v. Analog läßt sich die Gruppe $\mathbf{C_{\infty h}}$ aus $\mathbf{C_{nh}}$ und $\mathbf{D_{\infty h}}$ aus $\mathbf{D_{nh}}$ bzw. $\mathbf{D_{nd}}$ erklären.

5.4.11. Klassifikationstafel für Punktsymmetriegruppen zweiter Art

Tafel 5.2. Punktsymmetriegruppen zweiter Art, Ordnungen, Klassenzahlen

Typ X	Ordnung	Klassenzahl $k(X)$
S_n	$\begin{cases} n \\ 2n \end{cases}$	$\begin{cases} n & \text{für gerades } n \\ 2n & \text{für ungerades } n \end{cases}$
C_{nh}	$2n$	$2n$
C_{nv}	$2n$	$\begin{cases} \dfrac{n}{2} + 3 & \text{für gerades } n \\ \dfrac{n+3}{2} & \text{für ungerades } n \end{cases}$
D_{nh}	$4n$	$\begin{cases} n + 6 & \text{für gerades } n \\ n + 3 & \text{für ungerades } n \end{cases}$
D_{nd}	$4n$	$n + 3$
T_h	24	8
T_d	24	5
O_h	48	10
Y_h	120	10
$C_{\infty h}$, $C_{\infty v}$, $D_{\infty v}$	∞	∞

5.5. Flußschema für Punktsymmetriegruppen

In 5.3. und 5.4. sind alle auftretenden Punktgruppen, die als Symmetriegruppen von Molekülen bzw. endlich ausgedehnten Systemen auftreten, aufgestellt worden. Warum es keine weiteren gibt, wird hier nicht erörtert.

Um nun auf einfache Weise z. B. zu einem Molekül die zugehörige Symmetriegruppe zu finden, bedienen wir uns eines Flußschemas nach Harris/Bertolucci ([5]), welches wir für den Fall formulieren, daß es sich nicht um die Symmetriegruppen der regelmäßigen räumlichen Körper, also nicht um T, T_h, T_d, O, O_h, Y, Y_h handelt. Die Punktgruppen zum Dodekaeder und Ikosaeder kommen ohnehin nur vereinzelt als Symmetriegruppen von Molekülen vor. Ferner berücksichtigt das Schema die Gruppen mit einer C_∞-Achse nicht. Es ist jedoch nicht schwer, ein Schema aufzustellen, in welchem alle Punktsymmetriegruppen vorkommen. Das Flußschema (Tafel 5.3) funktioniert folgendermaßen:

Beispiel 5.4: Das H_2O-Molekül hat als Symmetrieelemente eine (vertikale) C_2-Achse und zwei σ_v-Ebenen (Bild 2.5). Diese Elemente gehen in das Schema ein, und wir haben deshalb von der Frage „C_n-Achse?" ab folgende Streckenführung zu durchlaufen: ja, ja, nein, nein, ja. Wir finden die richtige Symmetriegruppe C_{2v}.

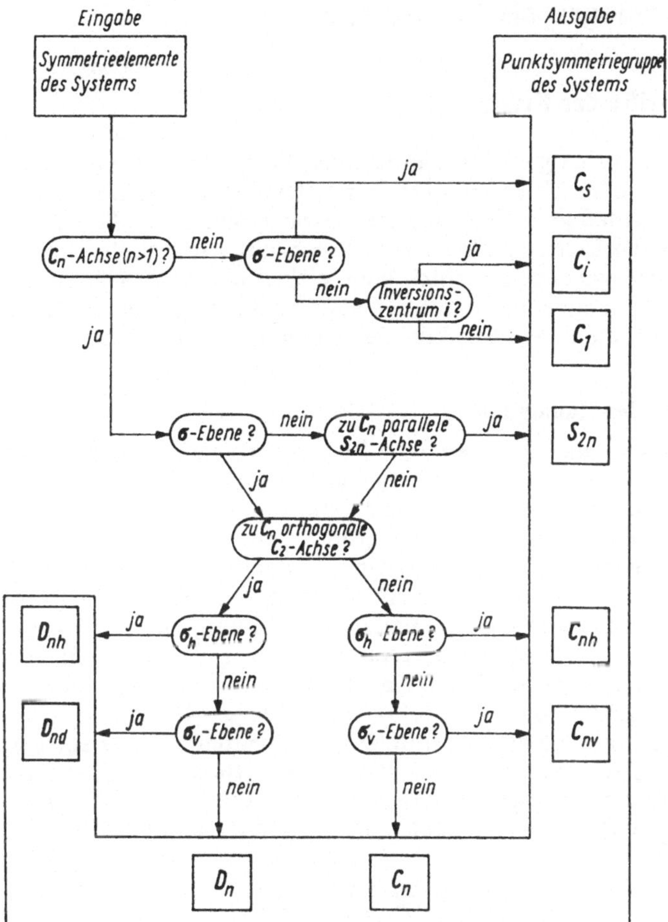

Tafel 5.3. Klassifikationsschema für Punktsymmetriegruppen ([5])

Aufgaben

5.1. Zeige: Die C_6-Achse des Benzen-Moleküls (Bild 2.4) ist zweiseitig.

5.2. Mit Hilfe des Punktgruppen-Fluß-Schemas (Tafel 5.3) ist festzustellen, zu welchem Punktgruppentyp folgende Moleküle bzw. geometrische Figuren gehören: a) Das gleichseitige Dreieck $\triangle$ im E^3 bzw. im E^2 (BF$_3$- bzw. NH$_3$-Molekül; Bild 2.1(b) bzw. (e); vgl. Aufgabe 2.4 a), b)); b) das Quadrat $\square$ im E^3 bzw. E^2 (XeF$_4$- bzw. SF$_5$Cl-Molekül; Bild 2.1(c), (g); vgl. Aufgabe 2.4 a), b)); c) das Benzen-Molekül (Bild 2.4); d) H$_2$O$_2$ (Bild 2.6); e) FClSO (Bild L 5.1); f) F$_2$SO (Bild L 5.2).

5.3. Ein Massenpunktsystem, Körper, Molekül besitze keine Symmetrie. a) Von welchem Punktgruppentyp ist die zugehörige Symmetriegruppe? b) Gib Beispiele hierzu an.

6. Die kristallographischen Gruppen

6.1. Grundbegriffe der Kristallographie

Wie schon aus den bisherigen Kapiteln hervorgeht, spielen die Symmetriegruppen eine zentrale Rolle. Äußerlich erkennbare Symmetrien sind bei Kristallen besonders ausgeprägt. Der regelmäßige äußere Bau frei gewachsener Kristalle, verbunden mit anderen physikalischen Eigenschaften wie Spaltbarkeit, Ritzfestigkeit, Färbung und Polarisation des durchgehenden Lichtes oder elektrische und Wärmeleitfähigkeit, die ebenfalls einen Zusammenhang mit der äußeren Form erkennen lassen, führen zu der Annahme, daß die innere Struktur der Kristalle einen hohen Grad an Regelmäßigkeit aufweisen muß.

6.1.1. Der Begriff des Raumgitters

Gehen wir davon aus, daß die chemische Zusammensetzung der kristallinen Substanzen bekannt ist und in der Mehrzahl nur aus wenigen Elementen besteht, dann müssen die Ionen, die Atome, die Moleküle oder die Molekülgruppen im Kristall regelmäßig, d. h. räumlich periodisch angeordnet sein. Ersetzen wir die Ionen, die Atome, die Moleküle oder die Molekülgruppen, deren Anordnung sich räumlich periodisch wiederholt (im weiteren auch *Basis* des Kristalls genannt), durch einen Punkt, so bedeutet der Begriff „regelmäßig" die Anordnung dieser Punkte in Gestalt eines Raumgitters. Die einzelnen Gitterpunkte gehen dabei durch fortgesetzte Translation längs dreier, linear unabhängiger Basis-Vektoren a_1, a_2 und a_3 aus einem gegebenen Punkt im E^3 hervor. Bei der Translation längs des ersten Vektors, dann längs des zweiten Vektors und zum Schluß längs des dritten Vektors entstehen nacheinander ein lineares, ein ebenes und ein Raumgitter (Bild 6.1). Jeder Punkt P des Raumgitters ist von einem festen Punkt durch die Translation $T = n_1 a_1 + n_2 a_2 + n_3 a_3$ erreichbar, wobei die Koeffizienten n_1, n_2 und n_3 ganze Zahlen sind.

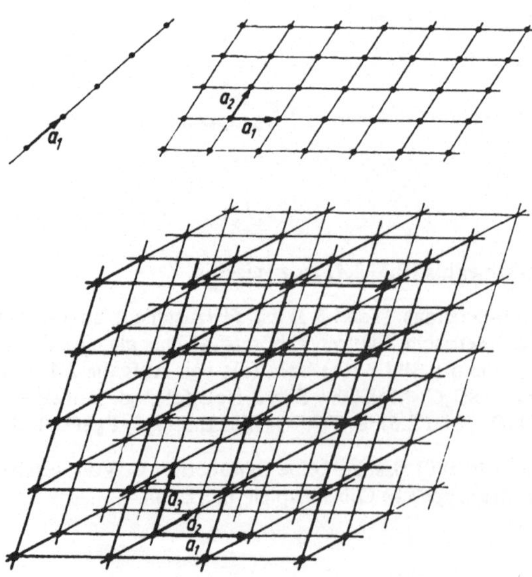

Bild 6.1. Lineares Gitter, ebenes Gitter und Raumgitter

Mit dieser Betrachtungsweise haben wir uns in die Bereiche der Mikrostruktur begeben. Die Abstände zwischen zwei Punkten im Raumgitter eines Kristalls liegen in der Größenordnung von 10^{-10} m. Die Kleinheit dieser Abstände berechtigt zu der Vereinfachung, für die Untersuchung der Symmetrien den Kristall und damit das Raumgitter als unendlich ausgedehnt zu betrachten. Die einzelnen Punkte des Raumgitters sind untereinander gleichwertig. Jeder Gitterpunkt hat die gleiche Umgebung und kann als Ausgangspunkt für den Aufbau des Gitters über Translationen aus den drei Gittervektoren dienen. Der betrachtete Kristall entsteht aus dem Raumgitter durch Anheften der ihm entsprechenden Basis an den einzelnen Gitterpunkten. Wir können so aus einem Raumgitter durch Wahl anderer Basen beliebige Kristalle aufbauen. Verschiedene Kristalle können demnach das gleiche Raumgitter haben, wenn sie sich nur in der Basis, aber nicht in deren räumlicher Anordnung unterscheiden.

Abstraktionsvorschrift: *Zu einem gegebenen Kristall finden wir das zugehörige Raumgitter, indem wir in zweierlei Hinsicht Abstraktionen vornehmen:*

1. Der Kristall wird in seiner Ausdehnung auf den gesamten Raum erweitert.
2. Seine Basis wird durch einen Punkt des E^3 ersetzt.

Das Raumgitter ist durch die Angabe der drei Vektoren a_1, a_2 und a_3 (Grundvektoren) vollständig charakterisiert und wird, von einem beliebigen Punkt ausgehend, durch die Translationen $T = n_1 a_1 + n_2 a_2 + n_3 a_3$ aufgebaut, wobei die Koeffizienten n_1, n_2 und n_3 alle ganzen Zahlen durchlaufen.

Die drei Vektoren a_1, a_2 und a_3 werden auch *primitive Translationen* genannt, da man über sie von einem Gitterpunkt zu den benachbarten Gitterpunkten gelangt. Die Konstruktion des Raumgitters macht deutlich, daß wir es auch durch wiederholtes Aneinanderlegen einer *Elementarzelle* aufbauen können. Dabei ist die Elementarzelle das von den primitiven Translationen aufgespannte Parallelepiped.

Definition 6.1: *Die **Elementarzelle** eines Raumgitters ist das von den primitiven Translationen a_1, a_2 und a_3 aufgespannte Parallelepiped. Es wird vereinbart, daß von den acht Gitterpunkten als Eckpunkte einer Elementarzelle jeweils nur einer dieser Elementarzelle zugeordnet wird, und zwar ein solcher, der zu keiner angrenzenden Zelle gehört.* **D.6.1**
*Als **symmetrische Elementarzelle** – oder **Wigner-Seitz-Zelle** – bezeichnen wir jene Zelle, die entsteht, wenn wir, ausgehend von einem Gitterpunkt, alle Punkte des E^3 zur Elementarzelle rechnen, deren Abstand von dem Gitterpunkt kleiner ist als zu jedem anderen Gitterpunkt. Die symmetrische Elementarzelle ist ein Polyeder, gebildet aus den auf den Verbindungsvektoren benachbarter Gitterpunkte in halbem Abstand errichteten Normalebenen.*

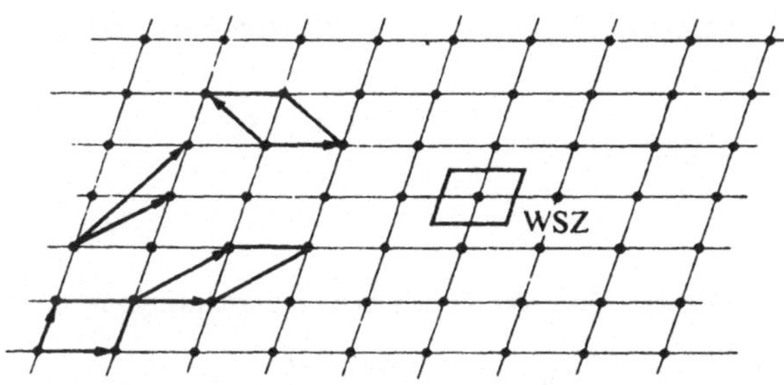

Bild 6.2. Verschiedene Wahl der Elementarzelle am ebenen Gitter, Wigner-Seitz-Zelle (WSZ)

Während die *Wigner-Seitz-Zelle*[1]) durch die Konstruktion eindeutig festgelegt ist, hat die Möglichkeit der unterschiedlichen Wahl der primitiven Translationen verschiedene Elementarzellen zur Folge. Dieser Sachverhalt soll an einem ebenen Gitter verdeutlicht werden (Bild 6.2).

6.1.2.   Netzebenen im Raumgitter, Millersche Indizes

Bevor wir die Symmetrieeigenschaften eines Raumgitters untersuchen, wollen wir noch den Zusammenhang zwischen dem Raumgitter und der äußeren Kristallform herstellen. Zur Vereinfachung beschränken wir uns auf Idealkristalle ohne Verzerrungen oder Störungen der Kristallstruktur. Ein Idealkristall ist als Polyeder von ebenen Flächen begrenzt. Diese Flächen entstehen durch bevorzugtes Wachstum in bestimmten Richtungen während des Prozesses der Kristallbildung. Für die physikalischen Ursachen dieses Verhaltens verweisen wir auf die Spezialliteratur [6].

Die Begrenzungsflächen des Idealkristalls finden wir als Gitterebenen oder Netzebenen im Raumgitter wieder.

Bedingt durch den Aufbau des Gitters liegen in jeder Ebene, die mindestens drei Gitterpunkte enthält, zugleich unendlich viele Gitterpunkte, und sie heißt dann *Netzebene* des Gitters. Die Bedeckungsdichte verschieden gelagerter Netzebenen mit Gitterpunkten ist unterschiedlich und kann zur Charakterisierung einer Netzebene verwendet werden.

Die Lage der Netzebene läßt sich in bezug auf ein geeignetes Koordinatensystem festlegen. Wir nehmen einen Gitterpunkt als Ursprung und die Richtungen der primitiven Translationen zu Koordinatenachsen. Da alle Gitterpunkte aus dem Ursprung durch die Translationen $T = n_1\mathbf{a}_1 + n_2\mathbf{a}_2 + n_3\mathbf{a}_3$ hervorgehen, können wir den so erhaltenen Gitterpunkt über die drei ganzzahligen Koeffizienten beschreiben $[[n_1\,n_2\,n_3]]$. Eine kristallographische Richtung ist durch zwei Gitterpunkte bestimmt, dem Ursprung $[[0\,0\,0]]$ und dem Punkt $[[m\,n\,p]]$, und erhält folglich das Dreiersymbol $[m\,n\,p]$. Die Achsenrichtungen haben die speziellen Dreiersymbole

$\mathbf{a}_1$-Achse: $[1\,0\,0]$,

$\mathbf{a}_2$-Achse: $[0\,1\,0]$,

$\mathbf{a}_3$-Achse: $[0\,0\,1]$ (vgl. Bd. 13, 2.2.5.).

Eine Netzebene erhält ebenfalls ein Dreiersymbol (h, k, l), gebildet aus den drei Achsenabschnitten h, k, l. Da es für kristallphysikalische Probleme nicht erforderlich ist, zwischen parallelen Netzebenen zu unterscheiden, werden die Zahlen im Dreiersymbol immer ganzzahlig genommen, indem ein gemeinsamer Hauptnenner weg gelassen wird.

Der Zusammenhang zwischen der Netzebene $(h\,k\,l)$ und ihrer Normalenrichtung $[m\,n\,p]$ ist durch die Proportionalbeziehung

$$h : k : l = \frac{1}{m} : \frac{1}{n} : \frac{1}{p}$$

---

[1]) Eugene Paul Wigner (amerikanischer Physiker): Über die elastischen Eigenschwingungen symmetrischer Systeme.
Wilhelm Seitz (deutscher Physiker): Die Reduktion der Raumgruppen (1936).

gegeben. So gehört zum Beispiel zu der Richtung [368] die Netzebene (843):

$$h : k : l = \frac{1}{3} : \frac{1}{6} : \frac{1}{8} = \frac{8}{24} : \frac{4}{24} : \frac{3}{24} \quad \text{(vgl. Bild 6.3)}.$$

Die Zahlen in den Dreiersymbolen sind als Millersche Indizes[1]) bekannt.

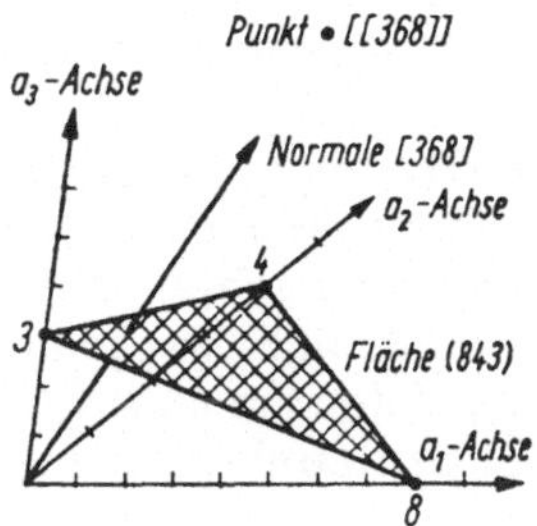

Bild 6.3. Die Fläche (843) und ihre Normale [368]

6.1.3. Die Elementarzelle und die Symmetrie des Kristalls

Der einfachste Kristall entsteht, wenn seine Begrenzungsflächen denen einer Elementarzelle parallel sind. Der Kristall ist· dann der Elementarzelle ähnlich. Die Begrenzungsflächen der Elementarzelle spiegeln in einfacher Weise die Symmetrie des Kristalls wider. Sie sind durch die Symmetrie des Kristalls einander zugeordnete Flächen. Nehmen wir eine beliebige, von diesen verschiedene Fläche, so erfordert die Kristallsymmetrie die Existenz einer bestimmten Anzahl zugeordneter Flächen. Die durch die Symmetrie voneinander abhängigen Flächen heißen *gleichwertig.* Sie verhalten sich bezüglich ihrer physikalischen Eigenschaften gleichwertig und bilden zusammen die *einfache Kristallform.* Treten an einem Kristall ungleichwertige Flächen oder, was dasselbe ist, gleichzeitig mehrere einfache Formen auf, so bilden sie Kombinationen.

In der Literatur werden die einfachen Formen der einzelnen Kristallklassen ausführlich behandelt. Wir weisen Interessenten u. a. auf [15] hin (s. auch Abschnitt 6.2.8.).

Zur Beschreibung der einfachen Formen einer Kristallklasse benutzen wir ein geeignetes Koordinatensystem, in dem alle Flächen derselben einfachen Form des Kristalls (also die gleichwertigen Flächen) auch gleiche Achsenabschnitte erhalten. Das geschieht dadurch, daß wir vorhandene Symmetrieachsen oder Schnittgeraden von Symmetrieebenen zu Achsen wählen. Die Flächen einer einfachen Form unterscheiden sich dann nur durch die Richtungsvorzeichen und die Reihenfolge der Indizes.

Da die Elementarzelle geometrisch ähnlich unter den einfachen Formen einer Kristallklasse auftritt, ist es ausreichend, sich bei der Untersuchung der äußeren Symmetrien des Kristalls auf die Elementarzelle zu beschränken. Die Symmetrien an einem endlichen geometrischen Körper werden wie Symmetrien von Molekülen durch Symmetrieoperatoren des Raumes E^3 beschrieben, bei denen ein Punkt des Raumes ortsfest bleibt. Bei den Kristallen ist dieser Punkt O durch den Schwerpunkt der Elementarzelle gegeben; bei der symmetrischen Wigner-Seitz-Zelle ist es der Gitterpunkt im Mittelpunkt der Zelle.

---

[1]) William Hallowes Miller (1801–1880), englischer Mineraloge und Kristallograph.

5*

6.1.4. Raumgitter und Punktgruppen

Die Symmetrieoperationen des Raumes mit Fixpunkt sind im Kapitel 5. klassifiziert worden. Nach Ausführung einer Symmetrieoperation des Raumes befindet sich der Kristall in einer zur Ausgangslage äquivalenten Lage.

D.6.2 Definition 6.2: *Zwei Lagen des Kristalls oder des Raumgitters heißen zueinander* **äquivalent** *oder* **Symmetrielagen des Kristalls,** *wenn sie bezüglich der Lage und Anordnung der Gitterpunkte nicht zu unterscheiden, aber nicht notwendig identisch sind* (vgl. 2.3.1.1).

Wenden wir die Symmetrieoperationen der Punktgruppe auf die Elementarzelle an, so müssen wir fordern, daß neben der Elementarzelle auch das Raumgitter in eine äquivalente Lage übergehen muß. Diese Forderung schränkt die Symmetrieoperationen erheblich ein. Wir können uns überlegen, daß Spiegelungen an einer Ebene und die Inversion an einem Gitterpunkt jedes Gitter in eine äquivalente Lage überführen. Dagegen sind bei den Drehungen und den Drehspiegelungen nicht alle Winkelwerte zulässig.

Wir formulieren diese Einschränkungen in

S.6.1 Satz 6.1: *Bei den Drehungen, die ein gegebenes Raumgitter in eine äquivalente Lage überführen, sind nur Drehachsen der Zähligkeit 1, 2, 3, 4 und 6 zulässig.*

Beweis: Die Gleichwertigkeit der Gitterpunkte untereinander erlaubt es, jeden Gitterpunkt zum Fixpunkt einer Drehachse zu nehmen. Weiterhin sind die Drehungen um die Winkel $\varphi = \alpha$ und $\varphi = -\alpha$ gleichwertig, führen sie doch das Gitter aus der Ausgangslage in die Endlage und wieder in die Ausgangslage zurück. Wir betrachten eine Netzebene des Raumgitters und eine Drehung um eine zu dieser Ebene senkrechten Achse. Die Netzebene ist in Bild 6.4 dargestellt. Nehmen wir den Punkt A zum Fixpunkt und drehen das Gitter senkrecht zur Ebene um den Winkel $\varphi = \alpha$, so geht der Nachbarpunkt B in den Punkt B' über. Bei der Drehung um den Fixpunkt B um den Winkel $\varphi = -\alpha$ geht der Punkt A in den Punkt A' über. Bilden die Punkte A' und B' eine Parallelreihe zur Gittergeraden durch die Punkte A und B, so muß wegen der Gittereigenschaft der Abstand $d(A', B')$ ein ganzzahliges Vielfaches des Abstandes $d(A, B)$ sein:

$$d(A', B') = nd(A, B).$$

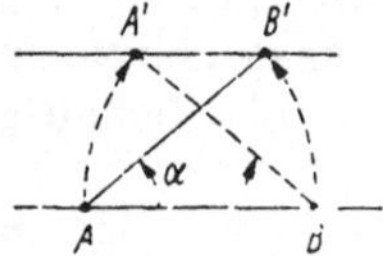

Bild 6.4. Gitterbedingung und Drehung

Aus der Abbildung können wir ablesen, daß folgende Beziehung zwischen den beiden Abständen gilt:

$$d(A, B) = d(A', B') + 2(d(A, B) - d(A, B)\cos\alpha).$$

Daraus erhalten wir die Gleichung

$$d(A', B') = d(A, B)\,(2\cos\alpha - 1).$$

Die Gitterbedingung stellt an den Winkel α die Forderung

$$d(A', B') = d(A, B)\,(2\cos\alpha - 1) = nd(A, B)$$

oder

$$2\cos\alpha - 1 = n.$$

Die Gleichung $\cos\alpha = \frac{1}{2}(n + 1)$ läßt unter Beachtung des Wertebereiches für die Kosinusfunktion, $-1 \leqq \cos x \leqq +1$, nur die folgenden Werte für die ganze Zahl n zu:

Tafel 6.1.

n	-3	-2	-1	0	$+1$
$\cos\alpha$	-1	$-\frac{1}{2}$	0	$\frac{1}{2}$	1
α	π	$\frac{2}{3}\pi$	$\frac{1}{2}\pi$	$\frac{1}{3}\pi$	0

Die zulässigen Drehwinkel schränken sich auf fünf Werte ein:

Drehwinkel	0° oder 360°	60°	90°	120°	180°
Zähligkeit der Drehachse	1	6	4	3	2

Diese Bedingung ist auf alle Netzebenen des Kristalls gleichermaßen anwendbar und hat gleiche Einschränkungen des Drehwinkels zur Folge. Es ist eine interessante Schlußfolgerung, daß Kristalle keine fünf-, sieben-, acht- oder höherzählige Symmetrieachsen besitzen können, obwohl diese Symmetrien in der Biologie (z. B. Blütenstrukturen), in der Chemie (Strukturen von Einzelmolekülen) sowie bei Metallclustern (bis zu Abmessungen von 8 bis 10 mm) relativ häufig auftreten.

6.1.5. Die stereographische Projektion

Die Untersuchung des Symmetrieverhaltens von Kristallen ist besonders übersichtlich, wenn wir uns einer speziellen Abbildung bedienen.

Zunächst ersetzen wir eine Kristallfläche durch ihre Normale und kennzeichnen diese durch das Dreiersymbol für eine Richtung $[h\,k\,l]$. Wir legen den Ursprung eines Koordinatensystems so ins Innere eines Kristalls oder der dem Kristall entsprechenden Elementarzelle, daß er maximal symmetrisch liegt, d. h. in den Schnittpunkt aller Drehsymmetrieachsen oder ins Inversionszentrum (bei homogenen Kristallen ist das der Schwerpunkt). Wir betrachten die Einheitskugel um den Ursprung und verschieben jede Kristallfläche parallel zu sich, bis sie die Kugelfläche tangiert. Der Berührungspunkt wird als *Flächenpol* bezeichnet. Die Flächenpole aller zu einer gegebenen Richtung parallelen Kristallflächen liegen bei dieser Konstruktion auf einem Großkreis. Die betrachtete Richtung ist der Pol zu diesem Großkreis. Diese Zuordnung von Flächen und Richtungen mit Punkten der Einheitskugel erlaubt die Anwendung der stereographischen Projektion. Mit dem Südpol der Einheitskugel als festgehaltenen und invarianten Projektionspunkt werden alle Punkte der Nordhalbkugel auf innere Punkte des Einheitskreises der Äquatorebene abgebildet (siehe Bild 6.5). Die stereographische Projektion hat bemerkenswerte Eigenschaften:

1. *Kreise werden auf Kreise oder Geraden abgebildet. Dabei ist das Bild eines Großkreises ein Kreisbogen über einem Durchmesser des Einheitskreises.*

2. *Die Projektion ist winkeltreu, d. h., die Winkel der sphärischen Dreiecke erscheinen nach der Projektion in richtiger Größe* (vgl. Bd. 9, 2.3.).

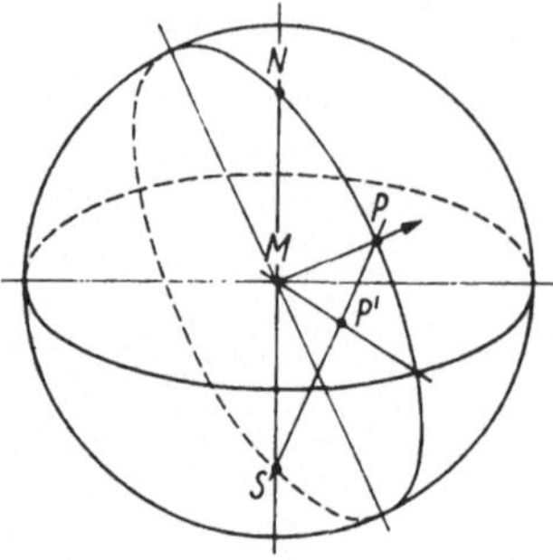

Bild 6.5. Zur stereographischen Projektion

Veranschaulichen wir uns im kubischen Kristallsystem, auf welchen Punkt des Einheitskreises eine gegebene kristallographische Richtung abgebildet wird. Die Richtung mit dem Dreiersymbol [h k l] verbindet den Ursprung mit dem Punkt *P*, dessen kartesische Koordinaten gerade die einzelnen Indizes sind:

$$x_P = h, \quad y_P = k, \quad z_P = l.$$

Die Umrechnung in Kugelkoordinaten ergibt die beiden Winkel, die den Durchstoßpunkt der Richtungsgeraden mit der Einheitskugel beschreiben:

$$\text{Aus} \quad \begin{cases} x_P = r \cos \varphi \sin \vartheta \\ y_P = r \sin \varphi \sin \vartheta \\ z_P = r \cos \vartheta \end{cases} \quad \text{folgt} \quad \begin{cases} \cos \vartheta = \dfrac{l}{\sqrt{h^2 + k^2 + l^2}} \\ \tan \varphi = \dfrac{k}{h}. \end{cases}$$

Wählen wir in der Äquatorebene für den Projektionspunkt die kartesischen Koordinaten *x*, *y* und für die Polarkoordinaten ϱ, φ, so können wir den Strahlensatz (siehe Bild 6.6) anwenden und erhalten für den Radius ϱ die Beziehung

$$\varrho = \frac{\sin \vartheta}{1 + \cos \vartheta}.$$

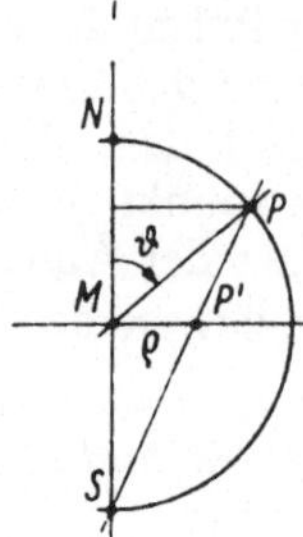

Bild 6.6

Aus den Formeln für die Kugelkoordinaten lassen sich die endgültigen Beziehungen ableiten:

$$x = \varrho \cos \varphi, \qquad y = \varrho \sin \varphi,$$

$$\varrho = \frac{\sqrt{h^2 + k^2}}{\sqrt{h^2 + k^2 + l^2}}, \qquad \sin \varphi = \frac{k}{\sqrt{h^2 + k^2}}, \qquad \cos \varphi = \frac{h}{\sqrt{h^2 + k^2}}.$$

Diese Formeln gelten natürlich nur für das kubische Kristallsystem, bei dem die drei primitiven Translationen paarweise senkrecht aufeinander stehen und alle die gleiche Länge haben (Bild 6.7). Für andere Kristallsysteme ist der Zusammenhang nicht so einfach.

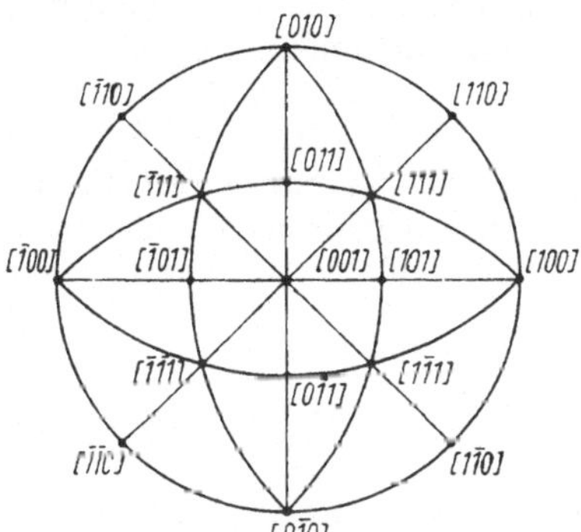

Bild 6.7. Hauptrichtungen im kubischen System in stereographischer Projektion

6.2. Die Symmetriegruppen der Kristalle

Nach den bisherigen Vorbetrachtungen wenden wir uns den Symmetriegruppen der Kristalle zu. Die Raumgitter der Kristalle gestatten als Symmetrieoperationen gewisse Translationen, Drehungen um Achsen, Drehspiegelungen an Drehspiegelachsen oder Spiegelungen an Ebenen oder Punkten. Die Symmetrieeigenschaften der Raumgitter von Kristallen lassen sich folglich durch Untergruppen der Bewegungsgruppe $\mathfrak{B}_3$ des Raumes beschreiben. Dazu informieren wir uns noch einmal im Kapitel 4. über Seitzsymbole, insbesondere in 4.1.2. über die Gruppe $\mathfrak{B}_3$.

6.2.1. Die Raumgruppen

Wir beginnen mit einer Definition der Raumgruppe eines Kristalls.

Definition 6.3: *Eine Untergruppe der Bewegungsgruppe $\mathfrak{B}_3$ des euklidischen Raumes $\mathbf{E}^3$* **D.6.3**
heißt **Raumgruppe.**

In der Regel sprechen wir von einer Raumgruppe im Zusammenhang mit einem Festkörper und meinen dann dessen Symmetriegruppe, hier auch *kristallographische Raumgruppe* genannt.

Definition 6.4: *Gestattet ein physikalisches System eine Raumgruppe, so heißt diese* **D.6.4**
eine **Raumgruppe** *oder* **Symmetriegruppe des Systems.** *Volle* **Symmetriegruppe** *oder einfach „die" Symmetriegruppe des Systems nennen wir sie, wenn sie alle Symmetrieoperationen des Systems enthält.*

In diesem Sinne sprechen wir hier von den kristallographischen Raumgruppen als von den Symmetriegruppen der Kristalle und bezeichnen sie mit **G**.

Die Elemente der Translationsgruppe $\mathfrak{T}_3$ als einer Untergruppe der $\mathfrak{B}_3$ sind von der Form $\{E \mid T\} = T$, also ganzzahlige Linearkombinationen

$$T = n_1 \mathbf{a}_1 + n_2 \mathbf{a}_2 + n_3 \mathbf{a}_3 = (n_1, n_2, n_3)$$

aus den drei linear unabhängigen primitiven Basisvektoren $\mathbf{a}_1$, $\mathbf{a}_2$ und $\mathbf{a}_3$ (siehe auch 2.3.3., 3.1.1.2., 4.2.4.).

Den Vektorraum aller ganzzahligen Linearkombinationen nennen wir das zur Raumgruppe des Kristalls gehörige Gitter. Die Drehanteile A der Raumgruppenelemente $\{A \mid T\}$ bilden als Untergruppe der Raumgruppe die Punktgruppe $\mathbf{G}_0$ des Kristalls. Das Gitter einer Raumgruppe wird von allen Elementen der zur selben Raumgruppe gehörigen Punktgruppe invariant gelassen. Aus der Normalteilereigenschaft der Gruppe $\mathfrak{T}_3$ der primitiven Translationen (Satz 4.6) folgt, daß mit einem beliebigen Gitterpunkt P und einem beliebigen Raumgruppenelement $\{A \mid T\}$ der Punkt $\{A^{-1} \mid O\}(P)$ wieder ein Gitterpunkt ist.

Diese Eigenschaft der Raumgruppen hat die uns schon bekannten Einschränkungen in der Wahl der Elemente der Punktgruppen zur Folge, indem Dehungen nur um bestimmte Winkel das Gitter in Symmetrielagen überführen. Umgekehrt erlaubt diese Eigenschaft die Klassifizierung der Gitter nach den Punktgruppen.

6.2.2. Die Bravais-Gitter

Die Gruppe der primitiven Translationen wird durch die primitiven Basistranslationen $\mathbf{a}_1$, $\mathbf{a}_2$, $\mathbf{a}_3$ erzeugt.

Je nach Wahl der Basistranslationen entstehen sieben primitive und sieben nichtprimitive Gitter, die 14 Bravais-Gitter.[1])

Diese 14 Gitter und die 32 Punktgruppen werden wir in den folgenden Abschnitten noch ausführlich untersuchen.

An dieser Stelle wollen wir unsere Betrachtungen zu den Raumgruppen fortsetzen. Wie wir oben ausgeführt haben, enthält die Raumgruppe **G** die Gruppe $\mathfrak{T}_3$ der primitiven Translationen als Normalteiler. Wir können folglich die Gruppe **G** in Nebenklassen nach der Translationsgruppe $\mathfrak{T}_3$ zerlegen. Zwei Elemente der gleichen Nebenklasse haben denselben Drehanteil A. Folglich ist die Faktorgruppe $\mathbf{G}/\mathfrak{T}_3$ der Punktgruppe $\mathbf{G}_0$ isomorph (siehe auch 4.2.4.c)). Wir können die Nebenklassenzerlegung der Raumgruppe **G** in der Form

$$\mathbf{G} = \bigcup_{A \in \mathbf{G}_0} \mathfrak{T}_3 \{A \mid \mathbf{v}_A\}$$

schreiben, wobei das Element $\{A \mid \mathbf{v}_A\}$ ein Repräsentant der Nebenklasse zu A ist (die Schreibweise $\mathfrak{T}_3\{A \mid \mathbf{v}_A\}$ entspricht dem Komplexprodukt im Abschnitt 3.4.1.). Ein beliebiges Raumgruppenelement können wir so darstellen:

$$\{A \mid T\} = \{E \mid T_0\}\{A \mid \mathbf{v}_A\} = \{A \mid \mathbf{v}_A + T_0\}.$$

Dabei durchläuft A alle Matrizen der Punktgruppe, $\mathbf{v}_A$ ist die durch A bestimmte *nichtprimitive Translation*, und T_0 durchläuft unabhängig von A alle Gittervektoren.

Eine Raumgruppe ist dann vollständig bestimmt, wenn man außer Punktgruppe und Gitter noch die nichtprimitiven Translationen kennt. Die nichtprimitiven Translationen $\mathbf{v}_A$ hängen von der Wahl des Ursprunges ab, durch den die Drehachsen gelegt werden. Gelingt es durch geeignete Wahl des Ursprunges die Translationen $\mathbf{v}_A$

---

[1]) Auguste Bravais (1811–1863), französischer Physiker.

für alle $A \in \mathbf{G}_0$ zum Verschwinden zu bringen, so nennt man den entsprechenden Kristall und die dazu gehörige Raumgruppe *symmorph*. Unter den 230 Raumgruppen, die durch Kombination der 14 Gitter mit den 32 Punktgruppen gebildet werden können, sind 73 symmorph, bei dem Rest gelingt es nicht, gleichzeitig alle Translationen $\mathbf{v}_A$ zu null werden zu lassen.

Nun betrachten wir ein bestimmtes Gitter und bauen daraus einen Kristall auf, dessen Raumgruppe dieses Gitter hat. Das Gitter teilt den Raum in Elementarzellen, z. B. symmetrische Wigner-Seitz-Zellen. Wird jede Wigner-Seitz-Zelle in gleicher Weise mit Kristallbausteinen besetzt, erhalten wir den Kristall. Die Besetzung der Wigner-Seitz-Zelle kann in verschiedener Weise erfolgen, jedesmal erhalten wir einen anderen Kristall. Setzt man nur einen Kristallbaustein, der die Symmetrie der Holoedrie (siehe Definition 6.5) haben muß, in die Mitte der Wigner-Seitz-Zelle, so hat man einen Kristall ohne Basis. Die Basis kann die Symmetrie der Holoedrie haben oder gegenüber der Punktgruppe symmetrisch sein. Kristalle ohne Basis oder Kristalle mit gegenüber der Punktgruppe symmetrischer Basis sind symmorph. Kristalle mit nichtsymmetrischer Basis sind nicht symmorph.

Die Unterscheidung zwischen den von den Raumgruppen beschriebenen Symmetrien und den Symmetrien der Punktgruppen hat auch physikalische Konsequenzen.

So beschreiben die Raumgruppen die Symmetrien der Kristallstruktur unter Berücksichtigung der interatomaren Abstände, während die Punktgruppen die Symmetrien der äußeren Kristallform und damit ihre makroskopischen Eigenschaften charakterisieren.

6.2.3. Die 32 Punktgruppen als Kristallklassen

Aus den vier Symmetrieoperationen (Drehungen um Drehachsen und Drehspiegelungen an Drehspiegelachsen der Zähligkeit n, Spiegelungen an Ebenen und Inversion am Ursprung) lassen sich unter Beachtung der Einschränkung der Ordnung auf die Werte 1, 2, 3, 4 und 6 insgesamt 32 Punktgruppen aufbauen. Diese 32 kristallographischen Punktgruppen oder Kristallklassen sind in der Menge aller Punktgruppen, wie sie für die Symmetrien endlich ausgedehnter Systeme (Moleküle) abgeleitet

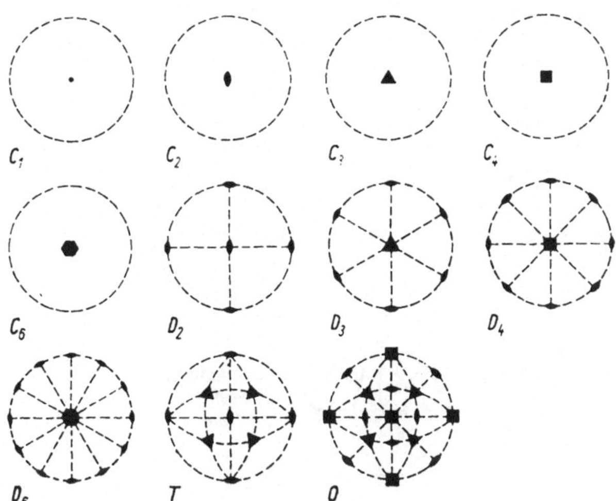

Bild 6.8. Stereogramme der Punktgruppen 1. Art

wurden, enthalten (siehe Abschnitte 5.3., 5.4.). Es ist üblich, diese 32 Punktgruppen in Punktgruppen 2. Art und 1. Art zu teilen, je nachdem, ob die Punktgruppen uneigentliche Drehungen enthalten oder nicht. Die Punktgruppen 2. Art lassen sich nochmals danach unterscheiden, ob unter den Gruppenelementen die Inversion vorkommt oder nicht. Es gibt unter den 32 Punktgruppen der Kristallographie 11 Punktgruppen 1. Art und 21 Punktgruppen 2. Art, davon 10 Punktgruppen ohne Inversion und 11 Punktgruppen mit der Inversion als Gruppenelement. In dieser Einteilung sind die 32 Punktgruppen in der Tafel 6.3 aufgeführt, geordnet nach der Anzahl der Gruppenelemente. Die drei Bilder 6.8, 6.9 und 6.10 geben die

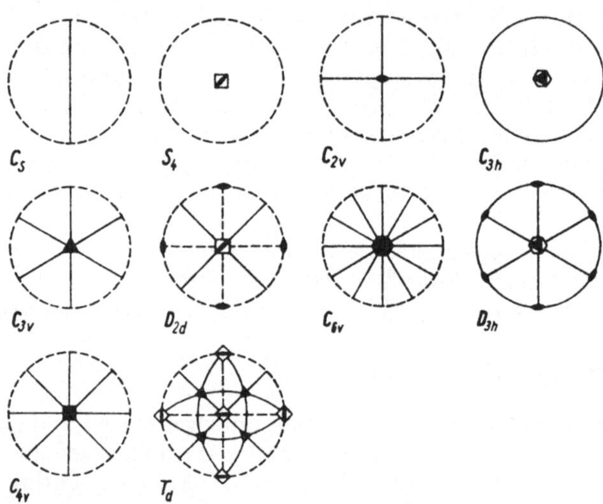

Bild 6.9. Stereogramme der Punktgruppen 2. Art ohne Inversion

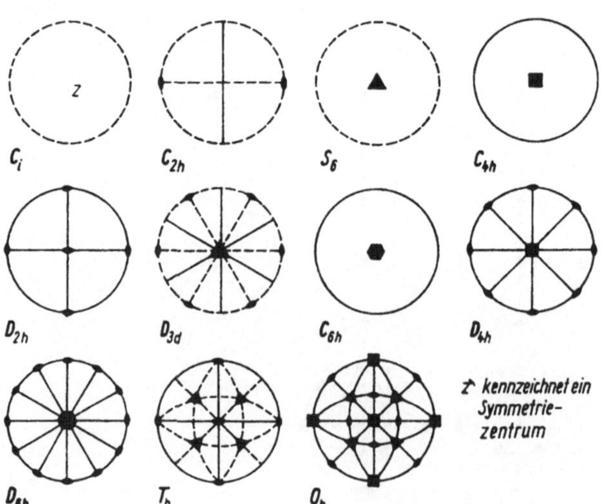

Bild 6.10. Stereogramme der Punktgruppen 2. Art mit Inversion

32 Punktgruppen in stereographischer Projektion wieder. Die Drehachsen oder Drehspiegelachsen werden in der stereographischen Projektion über ihre Richtungen als Punkte innerhalb des Einheitskreises wiedergegeben und entsprechend ihrer Ordnung mit den in Tafel 6.2 angegebenen Symbolen versehen.

Tafel 6.2.

n	1	2	3	4	6
Drehachse der Ordnung n	·	◗	▲	■	⬢
Drehspiegelachse der Ordnung n	·	·	△	◩	⬡

Da die Schnitte der Spiegelebenen mit der Einheitskugel Großkreise ergeben und diese bei der Projektion als Kreisbögen über einem Durchmesser wiedergegeben werden, lassen sich auch Spiegelebenen in den Stereogrammen darstellen. Es ist üblich, Ebenen ohne Spiegelungscharakter gestrichelt und Spiegelebenen ausgezogen zu zeichnen.

Den 32 Punktgruppen entsprechen 32 Kristallklassen. Unter den 32 Punktgruppen gibt es 7 Gruppen, denen alle anderen Punktgruppen als Untergruppen zugeordnet werden können. Diese 7 Punktgruppen haben in der Menge ihrer Untergruppen die höchste Symmetrie.

Definition 6.5: *Wir bezeichnen eine Punktgruppe als* **Holoedrie** *oder* **Kristallsystem,** **D.6.5** *wenn sie keine Untergruppe einer anderen Punktgruppe ist, aber weitere Punktgruppen als Untergruppen enthält.*

In der Tafel 6.3 sind die 7 Kristallsysteme, die 32 Kristallklassen und die Symmetrieelemente der Holoedrien im Vergleich dargestellt. Bei den Symmetrieelementen bedeutet z. B. die Formel $3C_4 4C_3 6C_2 9\sigma i$ 3 Drehachsen 4. Ordnung, 4 Drehachsen 3. Ordnung, 6 Drehachsen 2. Ordnung, 9 Symmetrieebenen und das Inversionszentrum.

Tafel 6.3.

Kristallsystem (Holoedrie)	Kristallklasse (Punktgruppe)	Symmetrieelemente
C_i	C_1, C_i	i
C_{2h}	C_2, C_s, C_{2h}	$C_2 \sigma i$
D_{2h}	C_{2v}, D_2, D_{2h}	$3C_2\, 3\sigma i$
D_{3d}	C_3, S_6, D_3 C_{3v}, D_{3d}	$C_3\, 3C_2\, 3\sigma i$
D_{6h}	C_6, C_{3h}, C_{6h} D_6, C_{6v}, D_{3h}, D_{6h}	$C_6\, 6C_2\, 7\sigma i$
D_{4h}	C_4, S_4, C_{4h} D_4, C_{4v}, D_{2d}, D_{4h}	$C_4\, 4C_2\, 5\sigma i$
O_h	T, T_h, T_d O, O_h	$3C_4\, 4C_3\, 6C_2\, 9\sigma i$

Beispiel 6.1: Für das H_2O_2-Molekül mit der Symmetriegruppe C_{2h} (Bild 2.6) können wir für die Symmetrieelemente schreiben: $C_2\sigma i$.

6.2.4. Die 7 Kristallsysteme und die Bravais-Gitter

Es ist verständlich, daß zwischen den möglichen Translationsgruppen, unterschieden durch die Basisvektoren, und den Holoedrien Zusammenhänge bestehen müssen. Beschreiben doch die Punktgruppen die Symmetrieeigenschaften der von den Basisvektoren aufgespannten Elementarzellen. Die möglichen Variationen der drei Basisvektoren bezüglich ihrer Länge und der paarweise zugeordneten Winkel ergeben unter Berücksichtigung der besonderen Winkel von 90° und 120° sieben verschiedene Typen von Elementarzellen. Mit den Bezeichnungen:

a, b, c als Längen der Basisvektoren $\mathbf{a}_1, \mathbf{a}_2, \mathbf{a}_3$,

α, β, γ als Winkel zwischen diesen Vektoren

haben wir die 7 Elementarzellen und die ihnen entsprechenden Gitter:

Tafel 6.4.

Typ der Elementarzelle	Längen der Vektoren	Winkel zwischen Vektoren
triklin	$a \neq b \neq c$	$\alpha \neq \beta \neq \gamma \neq 90°$
monoklin	$a \neq b \neq c$	$\alpha = \gamma = 90° \neq \beta$
rhombisch	$a \neq b \neq c$	$\alpha = \beta = \gamma = 90°$
trigonal	$a = b = c$	$\alpha = \beta = \gamma < 120°\ (\neq 90°)$
hexagonal	$a = b \neq c$	$\alpha = \beta = 90°,\ \gamma = 120°$
tetragonal	$a = b \neq c$	$\alpha = \beta = \gamma = 90°$
kubisch	$a = b = c$	$\alpha = \beta = \gamma = 90°$

Diese sieben Elementarzellen und die aus ihnen aufgebauten Gitter zeigen die Symmetrie der sieben Holoedrien, so daß man die Kristallsysteme auch nach den möglichen Gittertypen bezeichnen kann. In Bild 6.11 sind die primitiven Elementar-

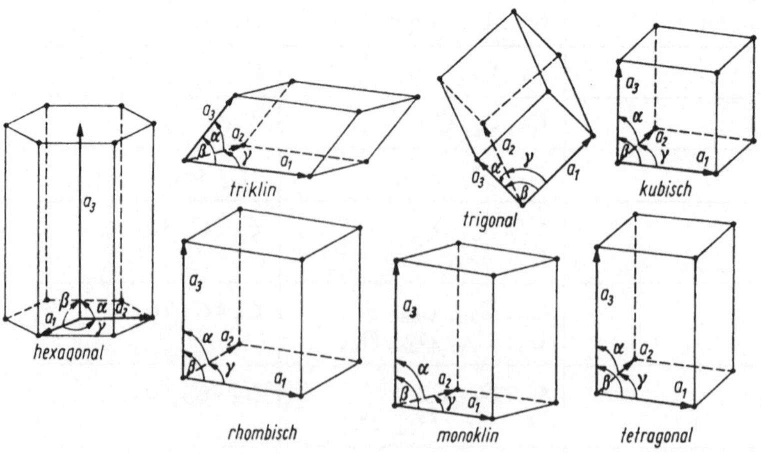

Bild 6.11. Die primitiven Elementarzellen der sieben Kristallsysteme

zellen dargestellt. Zu diesen sieben primitiven Elementarzellen lassen sich durch Hinzufügen von weiteren Gitterpunkten, wobei die Symmetrie der primitiven Elementarzelle erhalten bleiben soll, noch sieben weitere nichtprimitive Elementarzellen konstruieren. Die Einschränkung der Symmetrieerhaltung erlaubt das Einfügen weiterer Gitterpunkte nur an den Schnittpunkten der Flächen- oder Raumdiagonalen. Zur Unterscheidung werden die Gitter durch einen Buchstaben bezeichnet:

P   für primitive Gitter,
C   für einseitig flächenzentrierte Gitter,
I   für innenzentrierte Gitter,
F   für allseitig flächenzentrierte Gitter,
R   für das trigonale (rhomboedrische) primitive Gitter.

Die 14 mit den Punktgruppen verträglichen Gitter hat erstmals Bravais aus allgemeinen Überlegungen abgeleitet [3]. Sie sind deshalb unter seinem Namen in die internationale Literatur eingegangen. Die 14 Bravais-Gitter verteilen sich auf die sieben Kristallsysteme in folgender Weise:

Tafel 6.5.

Kristallsystem	Bravais-Gitter				
	P	C	I	F	R
triklin	×				
monoklin	×	×			
rhombisch	×	×	×	×	
trigonal					×
hexagonal	×				
tetragonal	×		×		
kubisch	×		×	×	

Zu den sieben Holoedrien gehören jeweils eine primitive Elementarzelle. Darüber hinaus gibt es in vier Kristallsystemen weitere nichtprimitive Elementarzellen, die gleichfalls die Symmetrie der Holoedrie besitzen. Etwas genauer muß die Wahl der Elementarzelle im trigonalen und im hexagonalen Kristallsystem untersucht werden. Kennzeichnend für die Holoedrie D_{3d} ist das Symmetrieelement Drehachse dritter Ordnung. Die Netzebenen senkrecht zu dieser Drehachse sind als ebene Gitter von gleichseitigen Dreiecken aufgebaut. Eine so gestaltete Netzebene gestattet als Symmetrieelement automatisch eine Drehachse sechster Ordnung. Wir sind damit im hexagonalen Kristallsystem. Auf zweierlei Weise läßt sich die trigonale Symmetrie beim Raumgitter wieder herstellen. Entweder belegen wir jede parallele Netzebene in der gleichen Weise mit drei verschiedenen Arten von Gitterpunkten entsprechend Bild 6.12., oder übereinanderliegende Netzebenen werden mit gleichwertigen Gitterpunkten so belegt, daß ein Gitterpunkt der nächsten Netzebene immer über dem Mittelpunkt des aus drei benachbarten Gitterpunkten der vorhergehenden Netzebene gebildeten gleichseitigen Dreiecks liegt. Jede vierte Netzebene liegt dann genau über der ersten.

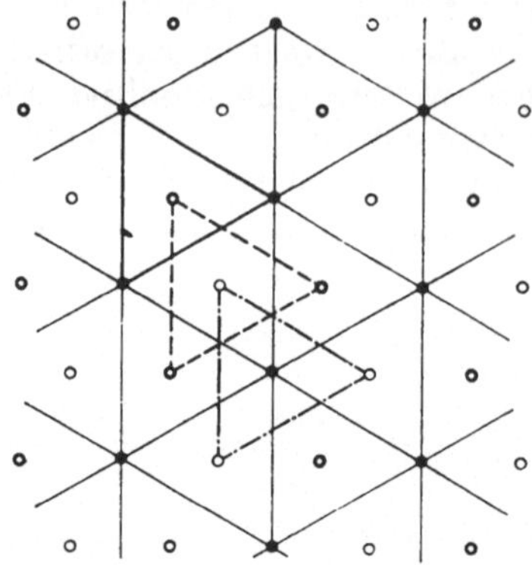

Bild 6.12. Die Lage der Gitterpunkte im trigonalen System

Im ersten Fall der Punktbelegung der Netzebenen haben wir es mit einem primitiven Gitter der Gestalt Basisfläche mal Höhe zu tun. Im zweiten Fall entsteht die typische rhomboedrische Elementarzelle des Bildes 6.13.

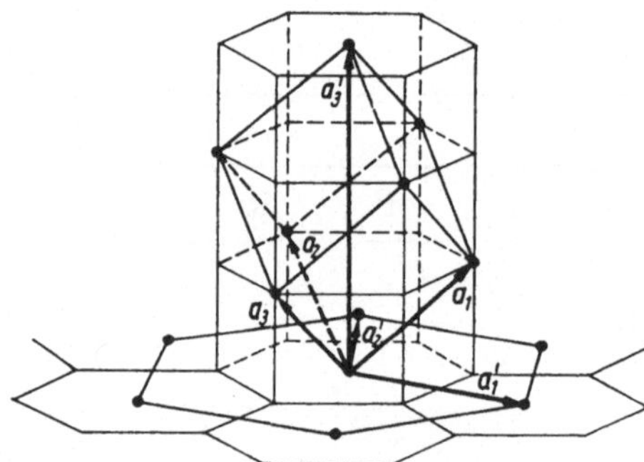

Bild 6.13. Zusammenhang zwischen den Basisvektoren und den Elementarzellen im trigonalen und hexagonalen Kristallsystem

$$a_1' = a_1 - a_2$$
$$a_2' = a_2 - a_3$$
$$a_3' = a_1 + a_2 + a_3$$

Da für den Aufbau des Raumgitters gleichwertige Gitterpunkte die Voraussetzung sind, ist die Elementarzelle im trigonalen System die rhomboedrische Elementarzelle.

Die andere Art der trigonalen Elementarzelle kommt erst bei den Raumgruppen nach Einführung von Kristallen mit Basis zur Wirkung.

6.2.5. Die kristallographischen Raumgruppen

Die Kombination der 14 Bravais-Gitter mit den 32 Punktgruppen und die Berücksichtigung von zwei weiteren Symmetrieoperationen – der Schraubung und der Gleitspiegelung – liefert 230 verschiedene Raumgruppen.

Bei den Schraubungsachsen ist die Operation der Drehung um eine n-zählige Drehachse mit einer Translation in Achsenrichtung gekoppelt. Betrachten wir benachbarte Gitterebenen senkrecht zur Drehachse, so sind verschiedene Schraubungsachsen möglich, je nachdem, ob übereinander liegende Gitterpunkte in benachbarten Gitterebenen gleichwertig sind oder nicht.

Wird die Schraubung durch eine Drehachse n-ter Ordnung erzeugt, so sind die nichtprimitiven Translationen längs dieser Achse rationale Bruchteile der primitiven Translationen mit dem Nenner n. Diese Aussage ist die Folge eines allgemeineren Satzes.

Satz 6.2: *Ist n die Ordnung der endlichen Gruppe* G_0, *so können wir durch eine Ver-* S.6.2
schiebung des Ursprunges erreichen, daß nicht nur die Darstellungsmatrizen
A, B, C, ..., L der Elemente von G_0 *ganzzahlig werden, sondern außerdem noch,*
daß die Spalten **a, b, c,** ..., **l** *der dazugehörigen Translationen aus der Raumgruppe* **G**
Spalten aus rationalen Zahlen mit dem Nenner n sind. Dabei müssen natürlich die
primitiven Translationen des Raumgitters als Koordinatenvektoren gewählt werden
[16].

Bei den Gleitspiegelungen wird die Symmetrieoperation einer Spiegelebene mit
einer nichtprimitiven Translation gekoppelt. Die Translation liegt in der Spiegelebene und kann bezüglich des Achsensystems des Kristalls verschieden orientiert
sein. Dadurch ergeben sich verschiedene Gleitspiegelungen.

Die 230 Raumgruppen verteilen sich auf die 7 Kristallsysteme und die Typen der
Bravais-Gitter entsprechend der Tafel 6.8. In der letzten Spalte dieser Tafel ist der
Anteil der Raumgruppen einer Kristallklasse an der Gesamtzahl 230 aufgeführt.
Die Tafel 6.9 enthält die Verteilung von 8716 realen Kristallen auf die 32 Kristall-
klassen. Im allgemeinen zeigt ein Vergleich mit den Anteilen von Tafel 6.8, daß die
Häufigkeit realer Kristalle mit der Anzahl der Raumgruppen in einer Kristallklasse
korrelliert sind. Es gibt aber auch Abweichungen davon, z. B. die Kristallklasse
C_4.

Die Ableitung der einzelnen Raumgruppen ist nicht Gegenstand unserer Betrachtungen. Dazu verweisen wir auf die Spezialliteratur [10]. Als Beispiel betrachten wir
die Raumgruppe des Diamantkristalls.

6.2.6. Die Raumgruppe des Diamantkristalls

Das Gitter des Diamantkristalls gehört zum kubischen Kristallsystem. Die Elementarzelle ist kubisch-flächenzentriert. Die Wigner-Seitz-Zelle als symmetrische
Elementarzelle ist das Rhombendodekaeder. Die Holoedrie ist die volle Oktaedergruppe O_h. Die Punktgruppe des Diamantkristalls ist die Holoedrie O_h. Sie besteht
aus 48 Elementen und ist als Punktgruppe 2. Art ein direktes Produkt mit der Gruppe
C_i: $O_h = T_d \times C_i$. $T_d \times C_i$ ergibt die gleichen Elemente wie $O \times C_i$ (s. 5.4.8.).

Die volle Tetraedergruppe T_d zerfällt in fünf Klassen zueinander konjugierter
Elemente; entsprechend zerfällt die Gruppe O_h in zehn Klassen (siehe auch Tafel 5.2).
Die primitiven Basistranslationen des Gitters haben die Gestalt (der Würfel habe die
Kantenlänge $2a$):

$$\mathbf{a}_1 = a(0, 1, 1), \qquad \mathbf{a}_2 = a(1, 0, 1), \qquad \mathbf{a}_3 = a(1, 1, 0).$$

Nichtprimitive Translationen ergeben sich aus der Tatsache, daß der Diamant-
kristall ein Kristall mit Basis ist. In der Wigner-Seitz-Zelle befinden sich zwei Kohlen-
stoffatome an den Stellen

$$\mathbf{t}_1 = 0 \quad \text{und} \quad \mathbf{t}_2 = \mathbf{t} = \frac{a}{2}(1, 1, 1).$$

Diese Basis ist nicht mehr gegenüber der Holoedrie O_h, sondern nur noch gegenüber
der Tetraedergruppe T_d invariant. Die nichtprimitiven Translationen haben die
Gestalt

$$\mathbf{v}_A = \begin{cases} \mathbf{o} & \text{für } A \in T_d, \\ \mathbf{t} & \text{für } A \notin T_d. \end{cases}$$

Man kann die beiden Atome auch symmetrisch zum Ursprung anordnen, d. h., man wählt die Orte der beiden Atome in der Form

$$\mathbf{t}_1 = -\tfrac{1}{4}\mathbf{t} \quad \text{und} \quad \mathbf{t}_2 = \tfrac{1}{4}\mathbf{t}.$$

Dann haben die nichtprimitiven Translationen nach der Transformation des Ursprungs die Gestalt

$$\mathbf{v}'_A = \begin{cases} \tfrac{1}{2}(A\mathbf{t} - \mathbf{t}) & \text{für } A \in \mathbf{T_d}, \\ \tfrac{1}{2}(A\mathbf{t} + \mathbf{t}) & \text{für } A \notin \mathbf{T_d}. \end{cases}$$

Diese so vollständig charakterisierte Raumgruppe des Diamantkristalls trägt die Bezeichnung $\mathbf{O_h^7}$ oder Fd3m in der internationalen Bezeichnungsweise.

Diesen Abschnitt wollen wir mit einer Übersicht der Verteilung der 230 Raumgruppen auf die Kristallsysteme, die Kristallklassen und Gittertypen beenden.

6.2.7. Internationale Symbolik der Raumgruppen der Kristallographie

Zur Erleichterung des Studiums moderner Literatur geben wir in der Tafel 6.6 eine Übersicht über die internationale Symbolik der Raumgruppen.

Tafel 6.6.

Kristall-system	Position			
	1	2	3	4
triklin	Typ des Bravais-Gitters	bestimmendes Symmetrie-element		
monoklin		bestimmendes Symmetrie-element 2 oder 2_1	zur z-Achse normale Ebene	
rhombisch		Ebene normal oder Achse parallel zur x-Achse	y-Achse	z-Achse
trigonal tetragonal hexagonal		Achse höchster Ordnung (oder dazu normale Ebene)	Koordinaten-ebene oder Achse	Diagonal-ebene oder Achse
kubisch		Koordinaten-ebene oder Achse	3	

z. B. Diamant   Fd3m   kubisch SiO_2 $P6_222$ trigonal
    $BaTiO_3$ Pm3m   kubisch   NaCl   Fm3m   kubisch

Bei der internationalen Nomenklatur für die Raumgruppen werden die Drehachsen entsprechend ihrer Zähligkeit mit den Zahlen 1, 2, 3, 4 und 6 und die Drehinversionsachsen (d. h. die Drehung des E^3 um eine Achse und anschließend die Inversion am Ursprung) mit den Symbolen $\bar{1}$, $\bar{2}$ oder m, $\bar{3}$, $\bar{4}$, $\bar{6}$ oder 3/m bezeichnet. Die Schraubungsachsen (d. h. Achsen, um die der E^3 gedreht und anschließend parallel zu ihnen verschoben wird) (vgl. auch 4.1.3. ($\mathfrak{B}$) [i]) erhalten die Symbole n_k (d. h. $2_1, 3_1, 3_2, 4_1, 4_2, 4_3, 6_1, 6_2, 6_3, 6_4, 6_5$), wobei die Zahl n die Zähligkeit der Drehachse bedeutet und der Index k angibt, daß die Verschiebung nach der Drehung um den Winkel $\varphi = 2\pi \dfrac{k}{n}$ erfolgt. Die Gleitspiegelebenen (vgl. 4.1.3. ($\mathfrak{B}$) [iii]) werden auf den Gleitvektor (d. h. der Vektor, längs dem verschoben wird) bezogen und erhalten im Gitter mit den Basisvektoren a_1, a_2 und a_3 die Bezeichnungen:

Gleitvektor	Bezeichnung
$\frac{1}{2}a_1$	a
$\frac{1}{2}a_2$	b
$\frac{1}{2}a_3$	c
$\frac{1}{2}(a_1 + a_2)$ oder $\frac{1}{2}(a_2 + a_3)$ oder $\frac{1}{2}(a_1 + a_3)$ oder $\frac{1}{2}(a_1 + a_2 + a_3)$	n
$\frac{1}{4}(a_1 + a_2)$ oder $\frac{1}{4}(a_2 + a_3)$ oder $\frac{1}{4}(a_1 + a_3)$ oder $\frac{1}{4}(a_1 + a_2 + a_3)$	d

6.2.8. Reine Formen von Kristallen

Die Elemente der Punktgruppe eines Kristalls überführen eine gegebene Richtung in eine andere. Die n Elemente der Punktgruppe transformieren deshalb eine gegebene Richtung in maximal n Richtungen. Bei spezieller Lage der Ausgangsrichtung können nach Anwendung der Gruppenelemente die neuen Richtungen teilweise zusammenfallen. Ist die gegebene Ausgangsrichtung die Normalenrichtung einer Netzebene, so entstehen nach den Transformationen mit den Gruppenelementen n Normalenrichtungen mit den dazu gehörigen Netzebenen. Die auf diese Weise über die Gruppenelemente zusammenhängenden Flächen bilden eine reine Form des Kristalls.

Definition 6.6: *Ein Kristall bildet eine* **reine** *oder* **einfache Form,** *wenn die Normalen aller seiner Flächen aus der Normalen einer Fläche durch Anwendung aller Elemente seiner Punktgruppe auf diese Normalenrichtung entstehen. Bei Punktgruppen niedriger Symmetrie braucht kein geschlossener Körper zu entstehen. Die so entstandene offene reine Form ist dann durch weitere Netzebenen abzuschließen, die paarweise symmetrisch zueinander liegen.* D.6.6

Bei spezieller Wahl der Ausgangsfläche können die transformierten Flächen teilweise zusammenfallen, und es entsteht eine reine Form mit weniger als n Flächen.

In einem Kristallsystem liefert die Punktgruppe mit der höchst möglichen Symmetrie – Holoedrie genannt – als reine Form bei einer Ausgangsfläche in allgemeiner Lage einen Kristall mit maximaler Flächenzahl, einen *Holoeder* (Ganzflächner). Werden Symmetrieelemente systematisch weggelassen, so treten unter den reinen Formen Polyeder mit geringerer Flächenzahl auf, speziell auch welche mit der halben Zahl von Flächen – *Hemieder*. In der Mineralogie spricht man bei allen niedriger symmetrischen Klassen als die Holoedrie von Hemiedrien.

Am Beispiel des kubischen Kristallsystems sollen die reinen Formen der Holoedrie O_h für die sieben möglichen verschiedenen Lagen der Ausgangsfläche angegeben werden. Diese Lagen sind mit den Zahlen 1 bis 7 im Bild 6.14 des Stereogramms der Holoedrie O_h gekennzeichnet.

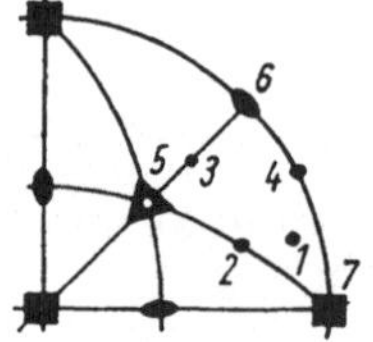

Bild 6.14. Spezielle Normalenrichtungen im kubischen System (Klasse O_h)

Tafel 6.7

Normalenrichtung der Fläche	reine Form
1 $[h\,k\,l]$	Hexakisoktaeder – 48 Flächen (ungleichseitige Dreiecke)
2 $[h\,l\,l]$ $h > l$	Ikositetraeder – 24 Flächen (Drachenvierecke)
3 $[h\,h\,l]$ $h > l$	Trisoktaeder – 24 Flächen (gleichschenklige Dreiecke)
4 $[h\,k\,0]$	Tetrakishexaeder – 24 Flächen (gleichschenklige Dreiecke)
5 $[1\,1\,1]$	Oktaeder – 8 Flächen (gleichseitige Dreiecke)
6 $[1\,1\,0]$	Rhombendodekaeder – 12 Flächen (Rhomben)
7 $[1\,0\,0]$	Hexaeder – 6 Flächen (Quadrate)

Tafel 6.8

Kristall-system	Kristall-klasse	Gittertyp					Bezeichnung	An-zahl	Anteil (%)
		P	C	F	I	R	der Gruppen		
triklin	C_1	1					C_1^1	2	0,43
	C_i	1					C_i^1		0,43
monoklin	C_2	2	1				$C_2^{(1-3)}$	13	1,30
	C_s	2	2				$C_s^{(1-4)}$		1,74
	C_{2h}	4	2				$C_{2h}^{(1-6)}$		2,61
rhombisch	D_2	4	2	1	2		$D_2^{(1-9)}$	59	3,91
	C_{2v}	10	7	2	3		$C_{2v}^{(1-22)}$		9,56
	D_{2h}	16	6	2	4		$D_{2h}^{(1-28)}$		12,17

Tafel 6.8. (Fortsetzung)

Kristall-system	Kristall-klasse	Gittertyp					Bezeichnung	An-zahl der Gruppen	Anteil (%)
		P	C	F	I	R			
tetragonal	C_4	4			2		$C_4^{(1-6)}$	68	2,61
	S_4	1			1		$S_4^{(1-2)}$		0,87
	C_{4h}	4			2		$C_{4h}^{(1-6)}$		2,61
	D_4	8			2		$D_4^{(1-10)}$		4,35
	C_{4v}	8			4		$C_{4v}^{(1-12)}$		5,22
	D_{2d}	8			4		$D_{2d}^{(1-12)}$		5,22
	D_{4h}	16			4		$D_{4h}^{(1-20)}$		8,70
trigonal	C_3	3				1	$C_3^{(1-4)}$	25	1,74
	S_6	1				1	$S_6^{(1-2)}$		0,87
	D_3	6				1	$D_3^{(1-7)}$		3,04
	C_{3v}	4				2	$C_{3v}^{(1-6)}$		2,61
	D_{3d}	4				2	$D_{3d}^{(1-6)}$		2,61
hexagonal	C_6	6					$C_6^{(1-6)}$	27	2,61
	C_{3h}	1					C_{3h}^1		0,43
	C_{6h}	2					$C_{6h}^{(1-2)}$		0,87
	D_6	6					$D_6^{(1-6)}$		2,61
	C_{6v}	4					$C_{6v}^{(1-4)}$		1,74
	D_{3h}	4					$D_{3h}^{(1-4)}$		1,74
	D_{6h}	4					$D_{6h}^{(1-4)}$		1,74
kubisch	T	2		1	2		$T^{(1-5)}$	36	2,17
	T_h	3		2	2		$T_h^{(1-7)}$		3,04
	T_d	4		2	2		$T_d^{(1-8)}$		3,48
	O	2		2	2		$O^{(1-6)}$		2,61
	O_h	4		4	2		$O_h^{(1-10)}$		4,35
								230	100,00

Tafel 6.9. Die Verteilung natürlicher Kristalle auf die 32 Kristallklassen

Kristallklasse	Gesamtzahl	Anteil %
C_1	41	0,47
C_i	249	2,86
C_2	367	4,21
C_s	70	0,80
C_{2h}	1908	21,89
D_2	596	6,84
C_{2v}	226	2,59
D_{2h}	1158	13,29

Tafel 6.9. (Fortsetzung)

Kristallklasse	Gesamtzahl	Anteil (%)
C_4	17	0,19
S_4	47	0,54
C_{4h}	135	1,55
D_4	68	0,78
C_{4v}	14	0,16
D_{2d}	107	1,23
D_{4h}	579	6,64
C_3	25	0,29
S_6	152	1,74
D_3	72	0,83
C_{3v}	106	1,22
D_{3d}	444	5,09
C_6	18	0,21
C_{3h}	1	0,01
C_{6h}	97	1,11
D_6	52	0,60
C_{6v}	80	0,92
D_{3h}	42	0,48
D_{6h}	355	4,07
T	95	1,09
T_h	212	2,43
T_d	21	0,24
O	219	2,51
O_h	1 223	14,03
	8 716	aus [15].

* *Aufgabe 6.1*

D.6.7 Definition: 6.7: *Zur Gitterbasis $\{a_1, a_2, a_3\}$ heißt $\{a^1, a^2, a^3\}$ mit*

$$a^1 = \frac{a_2 \times a_3}{[a_1 a_2 a_3]}, \quad a^2 = \frac{a_3 \times a_1}{[a_1 a_2 a_3]}, \quad a^3 = \frac{a_1 \times a_2}{[a_1 a_2 a_3]},$$

Basis des zugehörigen reziproken Gitters, *wobei mit $[a_1 a_2 a_3]$ das Spatprodukt der drei Vektoren bezeichnet wird* (vgl. Bd. 13, 2.3.7.2.).

Man betrachte die Gitterbasis $\{a_1, a_2, a_3\}$ des allseitig flächenzentrierten kubischen Gitters in der orthonormierten Basis $\{O; e_1, e_2, e_3\}$.
Stelle die Basis des zugehörigen reziproken Gitters auf!

7. Darstellungen

7.1. Begriff, Beispiele

7.1.1. Eine Darstellung der Drehsymmetriegruppe D_2 des Allen-Moleküls

Wir sehen uns nochmals Beispiel 4.1 (4.2.2.1.) zur Drehung um die Euler-schen Winkel an: Wir hatten dort festgestellt, daß die Drehsymmetriegruppe $D_2 = [E, C_2, C_2', C_2'']$ (E: Drehung um $0°$) isomorph ist zur Matrizengruppe $M_3^+ = [E, D, D', D'']$ (E: Einheitsmatrix). Dem liegt die Überlegung zugrunde, daß die Drehungen E, C_2, C_2', C_2'' bez. der Basis $\{O; \mathbf{e}_v\}$ des $\mathbf{E}^3$ durch die Transformationen $\mathbf{x}' = E \cdot \mathbf{x}$, $\mathbf{x}' = D \cdot \mathbf{x}$, $\mathbf{x}' = D' \cdot \mathbf{x}$, $\mathbf{x}' = D'' \cdot \mathbf{x}$, also durch die Matrizen E, D, D', D'' „dargestellt" werden, m. a. W., wir haben eine eineindeutige Abbildung $\mathscr{R}: D_2 \to M_3^+$, die durch $\mathscr{R}(E) = E$, $\mathscr{R}(C_2) = D$, $\mathscr{R}(C_2') = D'$, $\mathscr{R}(C_2'') = D''$ definiert und solcherart relationstreu ist: $\mathscr{R}(X \cdot Y) = \mathscr{R}(X) \cdot \mathscr{R}(Y)$ gilt für alle $X, Y \in D_2$. Zum Beispiel ist nach Tafel 2.1 $C_2 \cdot C_2' = C_2''$ (beachte: $C_2 = S_4^2$). Ferner gilt $D \cdot D' = D''$. Also ist $\mathscr{R}(C_2 \cdot C_2') = \mathscr{R}(C_2) \cdot \mathscr{R}(C_2')$.

Als isomorphe Abbildung $\mathscr{R}: D_2 \to M_3^+$ heißt $\mathscr{R}$ eine *Matrizendarstellung* der Drehsymmetriegruppe des Allen-Moleküls. Wir sagen auch, D_2 *wird vermöge $\mathscr{R}$ durch M_3^+ dargestellt*. Da M_3^+ eine Untergruppe der orthogonalen Gruppe ist, heißt diese Darstellung auch *orthogonal*.

Bemerkung: Daß $\mathscr{R}$ eine eineindeutige Abbildung ist, ist für den Darstellungsbegriff an sich unerheblich. Es genügt zu fordern: $\mathscr{R}$ *ist eindeutig und relationstreu*, d. h., $\mathscr{R}$ ist ein Homomorphismus von D_2 auf M_3^+. Da M_3^+ eine Untergruppe der allgemeinen linearen Gruppe $GL(3, K)$ (vgl. 3.2.3.) ist, sprechen wir auch von einem Homomorphismus von D_2 in $GL(3, K)$, also von einer Darstellung von D_2 durch eine Untergruppe von $GL(3, K)$. 3 legt dabei die *Dimension* der Darstellung fest. K ist hier speziell durch $\mathbf{R}$ zu ersetzen.

7.1.2. Begriff der Darstellung

Wir ersetzen nun D_{2d} wieder durch eine beliebige Gruppe G und M_3^+ durch eine beliebige Matrizengruppe R_n (vgl. 3.2.3.).

Definition 7.1: *Ein Homomorphismus $\mathscr{R}: G \to R_n$ einer Gruppe G auf eine Untergruppe* **D.7.1** *R_n der allgemeinen linearen Gruppe $GL(n, K)$ heißt eine n-dimensionale* **Matrizendarstellung** *von G durch R_n* [1]). *Ist $\mathscr{R}$ speziell ein Isomorphismus von G auf R_n, so nennen wir die Darstellung* **treu.** *Ist $R_n \subset U(n)$, so heißt sie* **unitär,** *für $K = \mathbf{R}$ reell, für $R_n \subset O(n)$ dann* **orthogonal.** *Die dem Gruppenelement $A \in G$ durch $\mathscr{R}$ zugeordnete $n \times n$-Matrix $\mathscr{R}(A) \in R_n$ heißt* **Darstellungsmatrix** *von A.*

Ordnen wir jedem Gruppenelement $A \in G$ als Darstellungsmatrix die Einheits-matrix E der Ordnung n zu, so erhalten wir den trivialen Homomorphismus $\mathscr{R}_0 : G \to [E]$ von G auf die triviale Untergruppe $[E] \subset GL(n)$. $\mathscr{R}_0$ heißt *Einsdarstellung* der Ordnung n von G.

Ist $G \subset GL(n, K)$ selbst eine Matrizengruppe, so ist die identische Abbildung von G auf sich ein Automorphismus von G (vgl. 3.3.4.f)), also eine treue Darstellung von G – die *identische Darstellung*.

---

[1]) Da das übliche Symbol D für Darstellungen bei den D_n- und Drehgruppen schon zu oft benutzt wurde, weichen wir auf $\mathscr{R}$ bzw. R_n (Repräsentation) aus.

7.1.3. Eine Darstellung der Symmetriegruppe D_{2d} des Allen-Moleküls

In Beispiel 4.2 (4.2.3.1.) haben wir festgestellt, daß D_{2d} zur Matrizengruppe $M_3 = [E, D, D', D'', S, S', \Sigma', \Sigma''] \subset GL(n)$ isomorph ist. D_{2d} wird also durch $R_3 = M_3$ treu und reell dargestellt. Es handelt sich überdies um eine orthogonale Darstellung der Dimension drei, da alle Matrizen von M_3 orthogonal und von der Ordnung drei sind. Die Zuordnung $\mathscr{R}$ der Darstellungsmatrizen $\mathscr{R}(X) \in M_3$ zu den Symmetrieoperationen $X \in D_{2d}$ bez. der Basis $\{O; e_v\}$ von E^3 zeigen wir in Tafel 7.1.

Tafel 7.1. Darstellung der Symmetriegruppe D_{2d} des Allen-Moleküls

X	E	C_2	C_2'	C_2''	S_4	S_4^3	σ_d'	σ_d''
$\mathscr{R}(X)$	E	D	D'	D''	S	S'	Σ'	Σ''

7.2. Reguläre Darstellung

Zu jeder Gruppe G der endlichen Ordnung g finden wir auf folgende Weise eine g-dimensionale treue Darstellung $\hat{\mathscr{R}}: G \to \hat{R}_g$: Die Gruppentafel von G wird derart umgeordnet, daß das Einselement E nur noch in der Hauptdiagonalen auftritt. Die dem Element $A_\lambda \in G$ zugeordnete Darstellungsmatrix $\hat{\mathscr{R}}(A_\lambda) = (\hat{R}_{v,\mu}(A_\lambda)) \in \hat{R}_g$ ($v, \mu = 1, \ldots, g; \; \lambda \in \{1, \ldots, g\}$) erhalten wir dann aus der Gruppentafel dadurch, daß wir in ihr überall A_λ durch 1 und alle anderen Elemente durch 0 ersetzen. Wir sagen dann, G *wird durch* $\hat{R}_g$ *regulär dargestellt.*

Beispiel 7.1: Um eine reguläre Darstellung für die Symmetriegruppe D_{2d} des Allen-Moleküls zu finden, haben wir in der Tafel 2.1 die zweite mit der vierten Spalte zu vertauschen.

$\hat{\mathscr{R}}(E)$ erhalten wir, indem wir E durch 1 und sonst alles durch 0 ersetzen; dies ergibt die Einheitsmatrix der Ordnung $g = 8$. Als Darstellungsmatrix $\hat{\mathscr{R}}(S_4) \in \hat{R}_8$ von $S_4 \in D_{2d}$ erhalten wir nach Ersetzung von S_4 durch 1 und $X \neq S_4$ durch 0:

$$\hat{\mathscr{R}}(S_4) = \begin{bmatrix} 0 & 0 & 0 & 1 & 0 & 0 & 0 & 0 \\ 1 & 0 & 0 & 0 & 0 & 0 & 0 & 0 \\ 0 & 1 & 0 & 0 & 0 & 0 & 0 & 0 \\ 0 & 0 & 1 & 0 & 0 & 0 & 0 & 0 \\ 0 & 0 & 0 & 0 & 0 & 0 & 1 & 0 \\ 0 & 0 & 0 & 0 & 0 & 0 & 0 & 1 \\ 0 & 0 & 0 & 0 & 0 & 1 & 0 & 0 \\ 0 & 0 & 0 & 1 & 0 & 0 & 0 & 0 \end{bmatrix}.$$

Die Angabe der übrigen sechs Darstellungsmatrizen aus R_8 ist damit erklärt.

Daß $\hat{\mathscr{R}}: G \to \hat{R}_g$ eine eineindeutige Abbildung, $\hat{\mathscr{R}}$ also eine treue Darstellung ist, folgt sofort aus der Eigenschaft (1) für Gruppentafeln (3.3.3.a)). Die Relationstreue folgt aus der Definitionsgleichung

$$A_\lambda \cdot A_\mu = \sum_{v=1}^{g} \hat{R}_{v\mu}(A_\lambda) \cdot A_v$$

für die Darstellungsmatrizen $\hat{\mathscr{R}}(A_\lambda)$ der regulären Darstellung, wenn man das Produkt $(A_\varkappa \cdot A_\lambda) \cdot A_\mu$ untersucht ([18], 1.3.3.).

7.3. Äquivalente Darstellungen

Daß es zu einer Gruppe mehrere Darstellungen gibt, zeigen die beiden Darstellungen $\mathscr{R}: D_{2d} \to M_3$ (7.1.3.) und $\hat{\mathscr{R}}: D_{2d} \to \hat{R}_8$ der Symmetriegruppe D_{2d} von Allen. Die wichtige Aufgabe, alle Darstellungen zu einer Gruppe anzugeben, kann durch den Äquivalenzbegriff vereinfacht werden. Dazu vergegenwärtigen wir uns noch einmal den Inhalt der Abschnitte 3.6.1./2. Durch folgenden Satz gewinnen wir aus einer gegebenen Darstellung neue Darstellungen.

Satz 7.1: *Ist $\mathcal{R}: \mathbf{G} \to \mathbf{R}_n$ eine Darstellung der Gruppe $\mathbf{G}$ und X eine reguläre Matrix* **S.7.1**
(det $X \neq 0$), so ist auch $\mathcal{R}_X: \mathbf{G} \to \mathbf{R}_n' = X^{-1} \cdot \mathbf{R}_n \cdot X$ mit

$$\mathcal{R}_X(A) = X^{-1} \cdot \mathcal{R}(A) \cdot X \quad \text{für beliebige } A \in \mathbf{G}$$

eine Darstellung von $\mathbf{G}$.

Definition 7.2: *Die Darstellungsmatrizen $\mathcal{R}(A)$ und $\mathcal{R}_X(A)$ von A heißen* **ähnlich** **D.7.2**
oder wie die Darstellungen $\mathcal{R}$ und $\mathcal{R}_X$ selbst, **äquivalent** *zueinander; Bezeichnung:*
$\mathcal{R}(A) \sim \mathcal{R}_X(A)$ *bzw.* $\mathcal{R} \sim \mathcal{R}_X$.

Beweis des Satzes 7.1: (a) Nach 3.6.2., Bemerkung 3), ist $\mathbf{R}_n'$ ein isomorphes Bild der Gruppe $\mathbf{R}_n$ und als solches selbst eine Gruppe. (b) $\mathcal{R}_X$ entsteht aus der Hintereinanderausführung des Homomorphisms $\mathcal{R}: \mathbf{G} \to \mathbf{R}_n$ und des Isomorphismus $\mathbf{R}_n \to \mathbf{R}_n'$, ist also ein Homomorphismus von $\mathbf{G}$ auf $\mathbf{R}_n'$. ■

Den Ausführungen in 3.6.1.b) bzw. 3.6.2., Bemerkung 1), gemäß, zerfällt nun die Gesamtheit aller Darstellungen $\mathcal{R}$ von $\mathbf{G}$ in *Äquivlalenzklassen*. Gleiches gilt für die einem Element zugeordneten Darstellungsmatrizen $\mathcal{R}(A)$. Mit einer Darstellung $\mathcal{R}$ von $\mathbf{G}$ kennen wir die ganze Klasse $(\mathcal{R})$ äquivalenter Darstellungen und mit $\mathcal{R}(A)$ die ganze Klasse $(\mathcal{R}(A)) = (X^{-1} \cdot \mathcal{R}(A) \cdot X)$ der zu A gehörigen äquivalenten Darstellungsmatrizen. *Es genügt also, ein vollständiges System inäquivalenter Darstellungen zu kennen. Für eine endliche Gruppe kann man sich dabei auf unitäre Darstellungen beschränken, da jede Klasse wenigstens eine solche Darstellung enthält* ([10], § 15).

Erfolgt die Überführung $\mathbf{R}_n \to \mathbf{R}_n' = X^{-1} \cdot \mathbf{R}_n \cdot X$ der Darstellungsgruppe $\mathbf{R}_n$ von $\mathbf{G}$ auf eine dazu äquivalente Darstellungsgruppe $\mathbf{R}_n'$ durch eine unitäre Transformationsmatrix X, so sprechen wir von einer *unitären Transformation*.

7.4. Irreduzible Darstellungen

Die Suche nach den Darstellungen einer Gruppe kann auf solche von irreduzibler Art beschränkt werden. Dazu sei zuerst bemerkt, daß zwei Matrizen von derselben „*Blockdiagonalform*"

$$P = \begin{bmatrix} P_1 & 0 & \dots & 0 \\ 0 & P_2 & \dots & 0 \\ \vdots & & \ddots & \vdots \\ 0 & 0 & \dots & P_m \end{bmatrix}, \qquad Q = \begin{bmatrix} Q_1 & 0 & \dots & 0 \\ 0 & Q_2 & \dots & 0 \\ \vdots & & \ddots & \vdots \\ 0 & 0 & \dots & Q_m \end{bmatrix}$$

(Ordnung P_ν = Ordnung Q_ν; für jedes $\nu = 1, 2, \dots, m$ kann diese Ordnung eine andere sein) so miteinander multipliziert werden können, als wären die quadratischen Blockmatrizen P_ν, Q_ν Zahlen: $P \cdot Q = (P_\nu \cdot Q_\nu)$ ist eine Matrix von der gleichen Blockdiagonalform wie P und Q. In dieser Diagonalform schreiben wir für P und Q symbolisch: $P = P_1 \oplus P_2 \oplus \dots \oplus P_m$, $Q = Q_1 \oplus Q_2 \oplus \dots \oplus Q_m$. Man nennt P bzw. Q auch **direkte Summe** von $P_1, \dots, P_m$ bzw. $Q_1, \dots, Q_m$. Damit ist $P \cdot Q = P_1 \cdot Q_1 \oplus P_2 \cdot Q_2 \oplus \dots \oplus P_m \cdot Q_m$. Wegen dieser Multiplikationsvorschrift können wir sagen: *Ist M_n eine Gruppe aus Matrizen $P, Q, \dots$, die alle die gleiche Blockdiagrammform haben, so sind auch $\mathbf{M}_n^1 = [P_1, Q_1, \dots]$, $\mathbf{M}_n^2 = [P_2, Q_2, \dots]$, $\dots, \mathbf{M}_n^m = [P_m, Q_m, \dots]$ Matrizengruppen.*

7*

D.7.3 Definition 7.3: *Eine Darstellung $\mathscr{R}: \mathbf{G} \to \mathbf{R}_n$ der Gruppe $\mathbf{G}$ heißt* **reduzibel**[1]*), wenn in einer ihrer äquivalenten Darstellungen $\mathscr{R}_X: \mathbf{G} \to X^{-1} \cdot \mathbf{R}_n \cdot X$ die Darstellungsmatrix $\mathscr{R}_X(A) = X^{-1} \cdot \mathscr{R}(A) \cdot X$ für alle $A \in \mathbf{G}$ in dieselbe Blockdiagonalform $\mathscr{R}_X(A) = \mathscr{R}_X^1(A) \oplus \mathscr{R}_X^2(A) \oplus \ldots \oplus \mathscr{R}_X^m(A)$ zerlegt werden kann. Gibt es keine Transformationsmatrix X, die diese Zerlegung ermöglicht, so heißt $\mathscr{R}$* **irreduzibel.**

Aus dieser Definition ergibt sich in Verbindung mit der obigen Bemerkung über die Gruppen $\mathbf{M}_n^v$ die

Folgerung 7.1: *Ist die Darstellung $\mathscr{R}$ der Gruppe $\mathbf{G}$ vermöge der Transformationsmatrix X reduzibel, so sind $\mathscr{R}_X^1, \mathscr{R}_X^2, \ldots, \mathscr{R}_X^m$ auch Darstellungen – sogenannte Teildarstellungen von $\mathbf{G}$.*

Das Aufsuchen solcher Teildarstellungen heißt *Reduktion*, die fortgesetzte Reduktion sich ergebender Teildarstellungen bis zur Irreduzibilität das *Ausreduzieren der Darstellung $\mathscr{R}$*. Sich ergebende irreduzible (Teil-)Darstellungen von $\mathbf{G}$ heißen *irreduzible Bestandteile* von $\mathscr{R}$. *Bis auf die Reihenfolge und Äquivalenz dieser Bestandteile liefert das Ausreduzieren ein eindeutiges Ergebnis. Bei abelschen Gruppen stößt man auf eindimensionale irreduzible Darstellungen, und diese sind stets unitär.*

Da wir für das Ausreduzieren schon in Besitz einer Darstellung sein müssen, empfiehlt es sich, bei einer endlichen Gruppe $\mathbf{G}$ von deren regulärer Darstellung $\hat{\mathscr{R}}$ auszugehen. Diese ist von genügend großer Dimension und von solcher Beschaffenheit, so daß, wie gezeigt werden kann, alle irreduziblen Darstellungen von $\mathbf{G}$ aus $\hat{\mathscr{R}}$ mindestens einmal gewonnen werden können – sogar bei Einschränkung auf unitäre Transformationen.

Eine der wichtigsten Aussagen der Darstellungstheorie beinhaltet der folgende Satz, dessen Beweis z. B. in [18], 1.3.4., zu finden ist.

S.7.2 Satz 7.2: *Die Anzahl der inäquivalenten irreduziblen Darstellungen einer (endlichen) Gruppe $\mathbf{G}$ ist gleich der Anzahl der Klassen konjugierter Elemente von $\mathbf{G}$.*

Beispiel 7.2: Wir betrachten die Symmetriegruppe $\mathbf{D}_{2d}$. In 3.6.1.b), Beispiel 3.20, ist ihre Zerlegung in fünf Klassen konjugierter Symmetrieoperationen angegeben. $\mathbf{D}_{2d}$ muß also fünf inäquivalente irreduzible Darstellungen besitzen. Die in 7.1.3. angegebene Darstellung $\mathscr{R}$ von $\mathbf{D}_{2d}$ ist offensichtlich in zwei Teildarstellungen $\mathscr{R}_E^4$ und $\mathscr{R}_E^5$ (Transformationsmatrix: $X = E$) reduzibel. Sehen wir uns die acht Darstellungsmatrizen $E, D, D', D'', S, S', \Sigma', \Sigma''$ in 4.2.2.1. und 4.2.3.1. an, so stellen wir fest, daß sie alle die gleiche Blockdiagonalform haben. Die Teilmatrizen zweiter Ordnung in den linken oberen Ecken bilden eine zweidimensionale Teildarstellung $\mathscr{R}_E^4$, diejenigen der Ordnung eins in den rechten unteren Ecken bilden eine Teildarstellung $\mathscr{R}_E^5$ der Dimension eins:

Tafel 7.2. Zwei irreduzible Darstellungen der Symmetriegruppe $\mathbf{D}_{2d}$

X	E	C_2	C_2'	C_2''	S_4	S_4^3	σ_d'	σ_d''
$\mathscr{R}_E^4(X)$	$[1]$	$[1]$	$[-1]$	$[-1]$	$[-1]$	$[-1]$	$[1]$	$[1]$
$\mathscr{R}_E^5(X)$	$\begin{bmatrix} 1 & 0 \\ 0 & 1 \end{bmatrix}$	$\begin{bmatrix} -1 & 0 \\ 0 & -1 \end{bmatrix}$	$\begin{bmatrix} 1 & 0 \\ 0 & -1 \end{bmatrix}$	$\begin{bmatrix} -1 & 0 \\ 0 & 1 \end{bmatrix}$	$\begin{bmatrix} 0 & -1 \\ 1 & 0 \end{bmatrix}$	$\begin{bmatrix} 0 & 1 \\ -1 & 0 \end{bmatrix}$	$\begin{bmatrix} 0 & -1 \\ -1 & 0 \end{bmatrix}$	$\begin{bmatrix} 0 & 1 \\ 1 & 0 \end{bmatrix}$

---

[1]) für $m = 2$ vollreduzibel oder zerfällbar

$\mathscr{R}_E^4$ und $\mathscr{R}_E^5$ sind irreduzibel. Wir stellen fest, daß die Dimension 3 der Darstellung $\mathscr{R}$ von $\mathbf{D}_{2d}$ nicht hoch genug ist, um alle irreduziblen Darstellungen zu erhalten. Die reguläre Darstellung von $\mathbf{D}_{2d}$ hat vergleichsweise die Dimension 8.

7.5. Charaktere

Die Transformationsmatrizen zur Reduktion von Darstellungen zu finden ist oftmals schwierig. Man kann aber zeigen, daß Darstellungen durch die Spuren ihrer Darstellungsmatrizen bis auf Äquivalenz festgelegt sind. Deshalb kommt es häufig nicht so sehr auf die Darstellungsmatrizen selbst, sondern nur auf deren Spuren an, und wir können uns darum bemühen, eine Tafel von Spuren aller irreduziblen Darstellungen einer Gruppe aufzustellen. Wir werden uns die Verfahrensweise am Beispiel der Symmetriegruppe $\mathbf{D}_{2d}$ von Allen klarmachen.

7.5.1. Charakter einer Darstellung, Eigenschaften

Ordnen wir jedem Element A einer Gruppe $\mathbf{G}$ eine eindeutig bestimmte reelle oder komplexe Zahl $y = \varphi(A)$ zu, so nennen wir φ (genauer $\varphi : \mathbf{G} \to \mathbf{K}$) *eine Funktion* auf $\mathbf{G}$. Es sei nun wieder $\mathbf{R}_n$ Untergruppe in $\mathbf{GL}\,(n, \mathbf{K})$.

Definition 7.4: *Als* **Charakter** χ *der Darstellung* $\mathscr{R} : \mathbf{G} \to \mathbf{R}_n$ *der Gruppe* $\mathbf{G}$ *bezeichnen* **D.7.4** *wir die Funktion* $y = \chi(A) = \mathrm{Sp}\,\mathscr{R}(A)$ *auf* $\mathbf{G}$. $\mathrm{Sp}\,\mathscr{R}(A)$ *bedeutet die Spur der Darstellungsmatrix von* $A \in \mathbf{G}$, *d. h. die Summe der Zahlen der Hauptdiagonale von* $\mathscr{R}(A)$.

Wir stellen fest:
(a) *Äquivalente Darstellungen haben gleiche Charaktere;*
denn $\mathrm{Sp}\,\mathscr{R}_X(A) = \mathrm{Sp}\,(X^{-1} \cdot \mathscr{R}(A) \cdot X) = \sum\limits_{\alpha,\mu,\nu} (X^{-1})_{\alpha\mu}\,(\mathscr{R}(A))_{\mu\nu}\,(X)_{\nu\alpha} = \sum\limits_{\mu,\nu} \delta_{\mu\nu}(\mathscr{R}(A))_{\mu\nu}$
$= \sum\limits_{\nu} (\mathscr{R}(A))_{\nu\nu} = \mathrm{Sp}\,\mathscr{R}(A)$ ($\delta_{\mu\nu}$: Kroneckersymbol, $(X)_{\nu\alpha}$: Element der ν-ten Zeile

und α-ten Spalte der Matrix X).
(b) *Auf konjugierten Elementen A, B der Gruppe $\mathbf{G}$ hat der Charakter übereinstimmende Werte;*
denn es gilt $\chi(B) = \chi(Y^{-1} \cdot A \cdot Y) = \mathrm{Sp}\,(\mathscr{R}(Y^{-1} \cdot A \cdot Y)) = \mathrm{Sp}\,(\mathscr{R}(Y^{-1}) \cdot \mathscr{R}(A) \cdot \mathscr{R}(Y))$;
ferner ist $\mathscr{R}(Y^{-1}) = (\mathscr{R}(Y))^{-1}$, und nach dem Schluß von (a) folgt dann $\chi(B) = \chi(A)$.
Die Funktion $y = \chi(A)$ ist demnach auf jeder Klasse konjugierter Elemente von $\mathbf{G}$ konstant und wechselt ihre Funktionswerte höchstens von Klasse zu Klasse. χ heißt deshalb *Klassenfunktion*.

In einer Gruppe $\mathbf{G}$ der Ordnung g seien $(A_1), \dots, (A_m)$ die Klassen konjugierter Elemente, $a_1, \dots, a_m$ deren Ordnungen, $k_{\lambda\mu,\nu}$ die zugehörigen Klassenmultiplikationskoeffizienten, $A_\nu \in \mathbf{G}$. Wir betrachten nun die h-te irreduzible Darstellung der Dimension n_h vom Charakter χ^h. Auf der Klasse (A_ν) habe χ^h den Funktionswert $\chi^h(A_\nu) = \chi_\nu^h$. Nach einem Resultat von *Burnside*[1] ([18], 1.3.4., (1.13) und (1.14))

gelten zwischen diesen Größen die folgenden Zusammenhänge:

$$(\chi_1) \qquad n_h \sum_{\nu=1}^{m} k_{\lambda\mu,\nu} a_\nu \chi_\nu^h = a_\lambda a_\mu \chi_\lambda^h \chi_\mu^h,$$

$$(\chi_2) \qquad \sum_{\nu=1}^{m} a_\nu \chi_\nu^\lambda \bar{\chi}_\nu^\mu = g\delta_{\lambda\mu} \quad (\bar{\chi} \text{ zu } \chi \text{ konjugiert komplex}).$$

---

[1] William Burnside (1852–1927), Mathematiker, wirkte in Cambridge, Greenwich.

Wir benutzen jetzt das angekündigte Beispiel, um daran die Bestimmung der Charaktere der irreduziblen Darstellungen zu demonstrieren.

7.5.2. Die Charaktertafel der Symmetriegruppe D_{2d} des Allen-Moleküls

Wir betrachten in 3.6.1. die Beispiele 3.18, 3.19, 3.20, 3.23, 3.24 zur Zerlegung

$$G = D_{2d} = (E) \cup (S_4^2) \cup (S_4) \cup (C_2') \cup (\sigma_d')$$
$$= (A_1) \cup (A_2) \cup (A_3) \cup (A_4) \cup (A_5)$$

von D_{2d} in ihre konjugierten Klassen (A_ν) $(\nu = 1, 2, 3, 4, 5; m = 5)$ der Ordnungen $a_1 = 1, a_2 = 1, a_3 = 2, a_4 = 2, a_5 = 2$ (vgl. Beispiel 3.20). Aus der Kenntnis der zugehörigen Klassenmultiplikationskoeffizienten und der Ordnungen der Klassen heraus versuchen wir mittels der Formel (χ_1), die Funktionswerte χ_ν^h in Abhängigkeit von der Dimension n_h der h-ten irreduziblen Darstellung zu bestimmen: Nach dem Vorbild von Beispiel 3.24 können wir alle Koeffizienten $k_{\lambda\mu,\nu}$ bestimmen. Sie sind in der Tabelle 7.3 angeführt. Wir finden dort z. B. zu $\lambda = 4$, $\mu = 4$, $\nu = 2$ den Wert $k_{44,2} = 2$ usw. Alle nicht aufgeführten $k_{\lambda\mu,\nu}$-Werte sind gleich null. Wir folgen nun der Verfahrensweise von Cracknell ([4] 2.8.):

$1°$ Es ist $k_{11,1} = 1$, $k_{11,\nu} = 0$ für $\nu \neq 1$. Aus (χ_1) folgt daher für $\lambda = \nu = 1$:
$n_h\chi_1^h = (\chi_1^h)^2$, also $\chi_1^h = n_h$.

$2°$ $k_{22,1} = 1$, $k_{22,\nu} = 0$ für $\nu \neq 1$. Für $\lambda = \mu = 2$ folgt aus (χ_1): $n_h\chi_1^h = n_h n_h = (\chi_2^h)^2$,
$\chi_2^h = \pm n_h$.

$3°$ $k_{33,1} = k_{33,2} = 2$, $k_{33,\nu} = 0$ für $\nu \neq 1, 2$. (χ_1) liefert dann $n_h(2\chi_1^h + 2\chi_2^h)$

$\qquad = 2^2(\chi_3^h)^2$, also ist $\chi_3^h = \begin{cases} \pm n_h & \text{für } \chi_2^h = \quad n_h, \\ 0 & \text{für } \chi_2^h = -n_h. \end{cases}$

$4°$ Mit $k_{44,1} = k_{44,2} = 2$ erhalten wir $\chi_4^h = \begin{cases} \pm n_h & \text{für } \chi_2^h = \quad n_h, \\ 0 & \text{für } \chi_2^h = -n_h. \end{cases}$

$5°$ Mit Hilfe von $k_{34,5} = 2$, $k_{34,\nu} = 0$ für $\nu \neq 5$ folgt aus (χ_1): $\chi_5^h = \chi_3^h\chi_4^h/n_h$.

Tafel 7.3. Werte der Klassenmultiplikationskoeffizienten der Gruppe D_{2d}

λ	μ	1	2	3	4	5
1	ν	1	2	3	4	5
		1	1	1	1	1
2	ν	2	1	3	4	5
		1	1	1	1	1
3	ν	3	3	1 ∣ 2	5	4
		1	1	2 ∣ 2	2	2
4	ν	4	4	5	1 ∣ 2	3
		1	1	2	2 ∣ 2	2
5	ν	5	5	4	3	1 ∣ 2
		1	1	2	2	2 ∣ 2

Stellen wir alle möglichen Vorzeichenkonstellationen zusammen, so kommen wir auf fünf Varianten:

Tafel 7.4. Charaktere der fünf irreduziblen Darstellungen von $\mathbf{D}_{2d}$, ausgedrückt durch die Dimensionen

(A_1)	(A_2)	(A_3)	(A_4)	(A_5)
d_1	d_1	d_1	d_1	d_1
d_2	d_2	d_2	$-d_2$	$-d_2$
d_3	d_3	$-d_3$	d_3	$-d_3$
d_4	d_4	$-d_4$	$-d_4$	d_4
d_5	$-d_5$	0	0	0

Die Funktionswerte χ_ν^λ sind alle reell. (χ_2) lautet daher $\sum\limits_{\nu=1}^{5} a_\nu \chi_\nu^\lambda \chi_\nu^\mu = 8\delta_{\lambda\mu}$ $(g = 8)$. Für $\lambda = \mu$ ist $\delta_{\lambda\mu} = 1$ und also $\sum\limits_{\nu=1}^{5} a_\nu (\chi_\nu^\lambda)^2 = 8$. Daraus folgt $d_1 = d_2 = d_3 = d_4 = 1$ und $d_5 = 2$. Die *Charaktertafel* der Symmetriegruppe $\mathbf{D}_{2d}$ des Allen-Moleküls lautet also für die fünf irreduziblen Darstellungen $\mathscr{R}_1, \ldots, \mathscr{R}_5$:

Tafel 7.5. Charaktertafel der Symmetriegruppe $\mathbf{D}_{2d}$ des Allen-Moleküls

	(E)	(S_4^2)	(S_4)	(C_2')	(σ_d')	Mullikensymbol
$\mathscr{R}_1$	1	1	1	1	1	$\mathscr{A}_1$
$\mathscr{R}_2$	1	1	1	-1	-1	$\mathscr{A}_2$
$\mathscr{R}_3$	1	1	-1	1	-1	$\mathscr{B}_1$ (s. S. 93)
$\mathscr{R}_4$	1	1	-1	-1	1	$\mathscr{B}_2$
$\mathscr{R}_5$	2	-2	0	0	0	$\mathscr{E}$

Beispiel 7.3: Im Beispiel 7.2 wurden durch Ausreduzieren der Darstellung $\mathscr{R}$ von $\mathbf{D}_{2d}$ zwei irreduzible Darstellungen $\mathscr{R}_E^4$ (Dimension 1) und $\mathscr{R}_E^5$ (Dimension 2) gefunden. Wir überprüfen nun durch Spurbildung in den Darstellungsmatrizen von Tafel 7.2, daß die in obiger Charaktertafel für $\mathscr{R}_4$ und $\mathscr{R}_5$ ausgerechneten Charaktere gerade jene von $\mathscr{R}_E^4$ und $\mathscr{R}_E^5$ sind.

7.6. Zur Darstellung direkter Produkte

Definition 7.5: *Von drei beliebigen Darstellungen $\mathscr{R}_1, \mathscr{R}_2, \mathscr{R}_3$ einer Gruppe $\mathbf{G}$ heißt* **D.7.5** *$\mathscr{R}_3$ das* (**Kroneckersche**) **Produkt** *aus $\mathscr{R}_1$ und $\mathscr{R}_2$, und wir schreiben dann $\mathscr{R}_3 = \mathscr{R}_1 \times \mathscr{R}_2$, wenn für die zugehörigen Charaktere χ_1, χ_2, χ_3 gilt*

$$\chi_3(A) = \chi_1(A)\,\chi_2(A), \quad A \in \mathbf{G}.$$

Auf die Frage nach der Existenz und Eindeutigkeit bzw. Konstruierbarkeit des Produktes $\mathscr{R}_3$ aus gegebenen Darstellungen $\mathscr{R}_1$, $\mathscr{R}_2$ wollen wir hier nicht eingehen. Es interessieren uns nur die folgenden beiden Eigenschaften des Produktes:

Ist die Gruppe $\mathbf{G}$ das direkte Produkt $\mathbf{G} = \mathbf{U}_1 \times \mathbf{U}_2$ aus zwei ihrer Untergruppen $\mathbf{U}_1, \mathbf{U}_2$, so ruft jede Darstellung von $\mathbf{U}_1$ dadurch eine Darstellung $\mathscr{R}_1$ von $\mathbf{G}$ hervor, daß $\mathscr{R}_1$ auf $\mathbf{U}_1$ mit der vorgegebenen und auf $\mathbf{U}_2$ mit der Einsdarstellung zusammenfällt. Dabei muß $\mathscr{R}_1(U_1 \cdot U_2) = \mathscr{R}_1(U_1) \cdot \mathscr{R}_1(U_2) = \mathscr{R}_1(U_1)$ sein. Analog läßt sich für **G** eine Darstellung $\mathscr{R}_2$ erklären.

S.7.3 Satz 7.3: *Das Produkt einer auf* U_1 *irreduziblen Darstellung* $\mathscr{R}_1$ *mit einer auf* U_2 *irreduziblen Darstellung* $\mathscr{R}_2$ *ist eine irreduzible Darstellung von* $G = U_1 \times U_2$.

Für spätere Anwendungen nehmen wir noch zur Kenntnis ([10], § 21):

S.7.4 Satz 7.4: *Das Produkt* $\mathscr{R}_1 \times \mathscr{R}_2$ *aus äquivalenten irreduziblen Darstellungen* $\mathscr{R}_1 \sim \mathscr{R}_2$ *enthält die Einsdarstellung genau einmal; sind* $\mathscr{R}_1$ *und* $\mathscr{R}_2$ *inäquivalent, so enthält das Produkt die Einsdarstellung jedoch nicht.*

7.7.   Die Basis einer Darstellung

Die bisher betrachteten Matrixdarstellungen lassen sich auch dadurch als lineare Transformationen interpretieren, daß mittels der n-dimensionalen Darstellungsmatrix $\mathscr{R}(A)$ des Gruppenelementes A gemäß Definition 7.6 eine Wirkung von A auf einen Spaltenvektor Φ aus n Funktionen $f_k(x, y, z)$ (x, y, z Ortskoordinaten; $k = 1, 2, \ldots, n$) erklärt wird.

D.7.6 Definition 7.6: *Der Spaltenvektor Φ aus den n Funktionen $f_k(x, y, z)$ heißt eine* **Basis** *der n-dimensionalen Matrixdarstellung $\mathscr{R}$ der Gruppe* **G***, wenn die Wirkung der einzelnen Gruppenelemente $A \in$ **G** auf Φ durch die Beziehung*

$$A\Phi = (Af_\lambda) \text{ mit } Af_\lambda = \sum_\mu \mathscr{R}_{\lambda\mu}(A) f_\mu$$

beschrieben wird.

Bemerkung: Symbolisch schreiben wir dafür kurz

$$A\Phi = \mathscr{R}(A)\Phi.$$

Aus der Definition wird deutlich, daß es zu einer Darstellung beliebig viele verschiedene Basen gibt. Für viele Anwendungen ist es ausreichend, die einzelnen Funktionen $f_k(x, y, z)$ in eine Taylor-Reihe nach den Koordinaten zu entwickeln und nach Basisfunktionen unter den Polynomen n-ter Ordnung in den Ortskoordinaten zu suchen.

Die ersten Glieder der Taylor-Reihe haben die Gestalt

$$f(x, y, z) = f(x_0, y_0, z_0) + \frac{\partial f}{\partial x}(x_0, y_0, z_0)\,(x - x_0)$$
$$+ \frac{\partial f}{\partial y}(x_0, y_0, z_0)\,(y - y_0) + \frac{\partial f}{\partial z}(x_0, y_0, z_0)\,(z - z_0) + \ldots$$

Basisfunktionen nullter Ordnung sind Konstante und gehören nur zur Einsdarstellung, solche erster Ordnung sind Linearkombinationen in den Ortskoordinaten.

Als Demonstrationsbeispiel bieten sich dreidimensionale Darstellungen an, bei denen der Ortsvektor als Basis aus Funktionen erster Ordnung angesehen werden kann.

Wir betrachten wieder die Symmetriegruppe D_{2d} von Allen. Wir wählen die Referenzachse des Moleküls zur z-Achse eines Koordinatensystems (vgl. Bild 2.2a)). Die acht Gruppenelemente haben folgende Wirkung auf den Ortsvektor, die wir zunächst symbolisch schreiben

$$A(x, y, z) = (.,.,.),$$

d. h., aus dem Vektor (x, y, z) entsteht nach Anwendung des Gruppenelementes A

der Vektor $(., ., .)$. Bezeichnen wir mit $\bar{x}$ die Koordinate $-x$, so ist

$$E(x, y, z) = (x, y, z), \qquad C_2(x, y, z) = (\bar{x}, \bar{y}, z),$$
$$C_2'(x, y, z) = (x, \bar{y}, \bar{z}), \qquad C_2''(x, y, z) = (\bar{x}, y, \bar{z}),$$
$$S_4(x, y, z) = (y, \bar{x}, \bar{z}), \qquad S_4^3(x, y, z) = (\bar{y}, x, \bar{z}),$$
$$\sigma_d'(x, y, z) = (y, x, z), \qquad \sigma_d''(x, y, z) = (\bar{y}, \bar{x}, z).$$

Die Wirkung der Gruppenelemente auf den Ortsvektor können wir dann durch eine dreidimensionale Matrix beschreiben, z. B.:

$$S_4 \begin{bmatrix} x \\ y \\ z \end{bmatrix} = \begin{bmatrix} 0 & 1 & 0 \\ -1 & 0 & 0 \\ 0 & 0 & -1 \end{bmatrix} \begin{bmatrix} x \\ y \\ z \end{bmatrix} = \begin{bmatrix} y \\ \bar{x} \\ \bar{z} \end{bmatrix}, \quad \text{wo} \quad \mathscr{R}(S_4) = \begin{bmatrix} 0 & 1 & 0 \\ -1 & 0 & 0 \\ 0 & 0 & -1 \end{bmatrix}.$$

Mit dem Spaltenvektor Φ lautet diese Gleichung

$$S_4 \Phi = \mathscr{R}(S_4)\, \Phi.$$

Die so gewonnenen acht Matrizen $\mathscr{R}(A)$ bilden eine dreidimensionale Matrixdarstellung der Gruppe $\mathbf{D}_{2d}$ mit den Komponenten des Ortsvektors als Basisfunktion erster Ordnung. Aus Beispiel 7.3 wissen wir, daß diese Darstellung reduzibel sein muß, und aus der Charaktertafel (Tafel 7.5) lesen wir ab, daß sie die Summe aus den beiden Darstellungen $\mathscr{R}_4$ und $\mathscr{R}_5$ ist.

Die Transformationseigenschaften beliebiger Funktionen der Ortskoordinaten finden wir, indem wir die Transformation des Ortsvektors unter dem Einfluß der Gruppenelemente in die Funktion eintragen, symbolisch geschrieben:

$$Af(x, y, z) = f(\mathscr{R}(A)\, (x, y, z)).$$

Bei beliebigen Funktionen ist es im allgemeinen schwierig, zu einer gegebenen Darstellung eine Basis zu finden, denn die transformierte Funktion darf sich nur um einen konstanten Faktor von der Ausgangsfunktion unterscheiden, d. h.

$$f(\mathscr{R}(A)\, (x, y, z)) = kf(x, y, z).$$

Dagegen ist dies für Polynome niedriger Ordnungen als Basisfunktion bedeutend leichter.

Die Darstellungen einer Gruppe werden auf diese Weise mit den zugehörigen Basisfunktionen der niedrigsten Ordnung in den Ortskoordinaten, die das Transformationsverhalten noch richtig beschreiben, identifiziert und gewinnen so eine konkrete physikalische Bedeutung.

Die in der Physik üblichen Bezeichnungen $\mathscr{A}_1, \mathscr{A}_2, \mathscr{B}_1$ und $\mathscr{B}_2$ für eindimensionale, $\mathscr{E}$ für zweidimensionale und $\mathscr{F}_1$ und $\mathscr{F}_2$ für dreidimensionale Darstellungen kennzeichnen ein bestimmtes Transformationsverhalten der Basisfunktionen gegenüber den Elementen der Gruppe und werden auch hier verwendet. Zum Beispiel lauten demnach die Darstellungen $\mathscr{R}_1, \dots, \mathscr{R}_5$ der Symmetriegruppe $\mathbf{D}_{2h}$ von Allen in der Charaktertafel: $\mathscr{A}_1, \mathscr{A}_2, \mathscr{B}_1, \mathscr{B}_2, \mathscr{E}$.

Aufgaben

7.1. Auf der Grundlage der Lösungen der Aufgaben 3.1 und 4.2 ist für die Symmetriegruppe $\mathbf{C}_{3v}$ des   *
gleichseitigen Dreiecks $\triangle \subset \mathbf{E}^2$ (des NH_3-Moleküls) eine Matrizendarstellung anzugeben.

7.2. Wieviele inäquivalente irreduzible Darstellungen besitzt die Symmetriegruppe $\mathbf{C}_{3v}$ (Aufgabe 7.1)?   *

7.3. Stelle die Charaktertafel der Symmetriegruppe $\mathbf{C}_{3v}$ des NH_3-Moleküls auf. Benutze die Lösung   *
der Aufgabe 3.7.

Die Lösung der Aufgaben 7.1. bis 7.3. ist auch für das Quadrat $\square \subset \mathbf{E}^2$, d. h. für das SF_5Cl-Molekül zu empfehlen.

8. Anwendung der Gruppentheorie in der Quantenmechanik

Dem Charakter dieses Buches entsprechend können wir keine Einführung in den mathematischen Apparat der Quantenmechanik geben. Wir verweisen zum Studium auf die Lehrbücher der Quantenmechanik [9] und stützen uns auf Band 13 „Lineare Algebra" dieser Reihe.

8.1. Einführung quantenmechanischer Begriffe

Für unsere Betrachtungen ist es ausreichend, sich auf die Schrödinger-Gleichung und deren Lösungen zu beschränken.

Ein stationärer Zustand eines physikalischen Systems aus N Teilchen wird durch eine Funktion aller Raumkoordinaten der Teilchen

$$f(x_1, y_1, z_1, \ldots, x_N, y_N, z_N)$$

beschrieben. Diese Funktion ist Lösung der stationären Schrödinger-Gleichung[1]), d. h. der partiellen Differentialgleichung zweiter Ordnung,

$$Hf = Ef,$$

unter Berücksichtigung gewisser physikalisch begründeter Randbedingungen. In dieser Gleichung ist die Größe H ein Differentialoperator und E (nicht zu verwechseln mit dem Einselement E) die Gesamtenergie des Systems im Zustand f. Der Differentialoperator H heißt Hamiltonoperator[2]) und wird aus der Hamiltonfunktion der klassischen Mechanik durch ein Quantisierungsverfahren gewonnen. Für ein Teilchen der Masse m im äußeren Feld $V(x)$ hat bei eindimensionaler Bewegung die Hamiltonfunktion die Gestalt

$$H(p, x) = \frac{1}{2m} p^2 + V(x),$$

mit dem Impuls p und der potentiellen Energie $V(x)$.

Bei dem Quantisierungsverfahren wird der Impuls p durch einen Differentialoperator ersetzt, und die Ortskoordinate x bleibt multiplikativ:

Der Impuls p wird ersetzt durch den Operator $\dfrac{\hbar}{i} \dfrac{d}{dx}$,

der Ort x wird ersetzt durch den Operator x;
$\hbar$ ist dabei das Plancksche Wirkungsquantum.[3])

Aus der Hamiltonfunktion entsteht im Ergebnis der Ersetzung der Hamiltonoperator:

$$H = \frac{1}{2m} p^2 + V(x) \quad \text{geht über in} \quad H = -\frac{\hbar^2}{2m} \cdot \frac{d^2}{dx^2} + V(x).$$

---

[1]) Erwin Schrödinger (1887–1961), österreichischer Physiker.
[2]) Sir William Rowan Hamilton (1805–1865), irischer Mathematiker und Physiker.
[3]) Max Karl Ernst Ludwig Planck (1858–1947), deutscher Physiker.

Die eindimensionale Schrödinger-Gleichung lautet nach Umformung

$$\frac{d^2f}{dx^2} + \frac{2m}{\hbar^2}\,(E - V(x))\,f = 0\,.$$

Ist die Bewegung des Teilchens auf das Intervall $[a, b]$ der reellen Achse beschränkt (eindimensionale Bewegung), so muß gefordert werden, daß die Funktion f und ihre erste Ableitung an den Randpunkten des Intervalls verschwindet.

Damit wird die Schrödinger-Gleichung zu einer Eigenwertgleichung, d. h. zu einer Gleichung, die nur für bestimmte Werte der Gesamtenergie E Lösungen besitzt. Bei mehrdimensionaler Bewegung und N Teilchen wird das Verfahren analog erweitert. Die Schrödinger-Gleichung ist dann eine partielle Differentialgleichung zweiter Ordnung.

Definition 8.1: *Ein* **Zustand** *eines physikalischen Systems heißt* **entartet,** *wenn zu einem Energie-Eigenwert mehrere linear unabhängige Zustandsfunktionen oder Eigenvektoren gehören. Die Dimension des von den verschiedenen Eigenvektoren aufgespannten Unterraumes des Lösungsraumes der Schrödinger-Gleichung ist gleich dem* **Entartungsgrad** *des Energieeigenwertes.* **D.8.1**

Der Entartungsgrad der Energieeigenwerte ist Ausdruck der Symmetrie des physikalischen Systems. Wird das physikalische System durch eine äußere Störung anderer Symmetrie beeinflußt, kommt es im allgemeinen zu einer teilweisen Aufhebung der Entartung, d. h. zu einer Aufspaltung der Energieniveaus (s. 8.2.1.).

8.2. Anwendungsbeispiele aus der Quantenmechanik

8.2.1. Aufhebung der Entartung

Gehen wir von einem physikalischen System bestimmter Symmetrie aus, so ist die Schrödinger-Gleichung dieses Systems gegenüber allen Symmetrieoperationen der Symmetriegruppe des Systems invariant, da sich die Symmetrie des Systems in der Symmetrie der potentiellen Energie äußert.

Die Eigenvektoren zu einem Energieeigenwert bleiben nach Anwendung der Gruppenelemente der Symmetriegruppe des Systems auf sie Eigenvektoren zum gleichen Energieeigenwert. Mit anderen Worten, die Eigenvektoren zu ein und demselben Energieeigenwert werden bei den Symmetrieoperationen ineinander transformiert. Die Eigenvektoren bestimmen folglich eine Darstellung der Gruppe, die im allgemeinen irreduzibel ist. Jedem Energieeigenwert des Systems entspricht eine irreduzible Darstellung der Symmetriegruppe. Die Dimension der Darstellung bestimmt den Entartungsgrad des gegebenen Niveaus.

Wird das physikalische System einer äußeren Störung mit einer bestimmten Symmetrie unterworfen, so kommt es zu keiner Aufspaltung der Energieeigenwerte, wenn die Symmetrie der Störung gleich der Symmetrie des Systems oder höher ist, d. h., wenn die Symmetriegruppe des Systems eine Untergruppe der Symmetriegruppe der Störung ist. Ist die Symmetriegruppe der Störung eine echte Untergruppe der Symmetriegruppe des Systems, d. h. die Symmetrie der Störung ist niedriger als die Symmetrie des Systems, so hat der neue Gesamt-Hamilton-Operator, gebildet aus dem ungestörten Hamilton-Operator und dem Störoperator, die Symmetrie der Störung. Dann bestimmen die Eigenvektoren zur irreduziblen Darstellung der Symmetriegruppe des ungestörten Hamilton-Operators auch eine Darstellung zum neuen Hamilton-Operator. Diese Darstellung kann aber reduzibel sein und so eine Aufspaltung der Niveaus zur Folge haben.

Beispiel 8.1: Die Symmetriegruppe des ungestörten Hamilton-Operators sei die Tetraedergruppe T_d. Wir betrachten ein dreifach entartetes Niveau mit der Darstellung $\mathscr{F}_2$:

Charaktertafel der Darstellung:

E	$8C_3$	$3C_2$	$6\sigma_d$	$6S_4$
3	0	-1	1	-1

Die Störung habe die Symmetrie der Punktgruppe C_{3v}. Sie ist eine Untergruppe der Tetraedergruppe T_d. Die Eigenvektoren des entarteten Energieniveaus liefern eine Darstellung der Gruppe C_{3v}, wobei die Charaktere dieser Darstellung gleich den Charakteren der Elemente in der Ausgangsdarstellung der Gruppe sind, d. h., die Charaktere der Darstellung lauten

	E	$2C_3$	$3\sigma_v$
$\mathscr{D}$	3	0	1

Diese Darstellung ist reduzibel, wie wir aus der Charaktertafel der Gruppe C_{3v}

	E	$2C_3$	$3\sigma_v$
$\mathscr{A}_1$	1	1	1
$\mathscr{A}_2$	1	1	-1
$\mathscr{E}$	2	-1	0

ersehen können. Die oben angegebene Darstellung $\mathscr{D}$ ist die Summe zweier Darstellungen der Gruppe C_{3v}:

$$\mathscr{D} = \mathscr{A}_1 + \mathscr{E}.$$

Das ursprünglich dreifach entartete Niveau wird unter dem Einfluß der Störung in ein einfach und ein zweifach entartetes Niveau aufgespaltet.

Hat die Störung die Symmetrie der Punktgruppe C_{2v}, so haben ihre Elemente in der Ausgangsdarstellung die Charaktere

	E	C_2	σ_v	σ_v'
$\mathscr{D}'$	3	-1	1	1

Die Charaktere der Darstellungen der Punktgruppe C_{2v} haben die Werte

	E	C_2	σ_v	σ_v'
$\mathscr{A}_1$	1	1	1	1
$\mathscr{B}_2$	1	-1	-1	1
$\mathscr{A}_2$	1	1	-1	-1
$\mathscr{B}_1$	1	-1	1	-1

Die Ausgangsdarstellung ist wieder reduzibel und erlaubt die Zerlegung

$$\mathscr{D}' = \mathscr{A}_1 + \mathscr{B}_1 + \mathscr{B}_2.$$

Das Ausgangsniveau spaltet sich unter dieser Störung in drei verschiedene Niveaus auf.

Symbolisch können wir die Niveauaufspaltung folgendermaßen veranschaulichen (Bild 8.1).

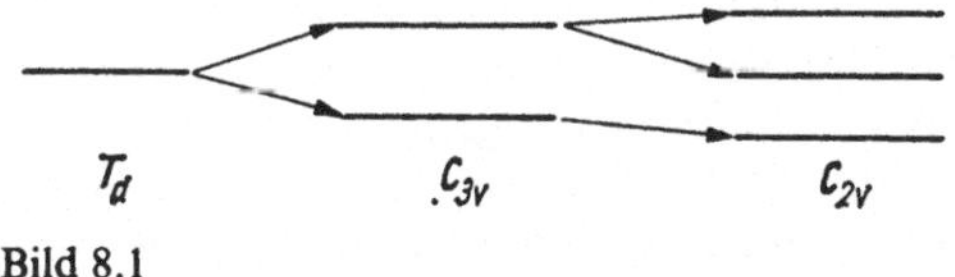

Bild 8.1

Die Gruppentheorie kann dabei nur etwas über die Art der Aufspaltung, nicht aber über die Größe der Aufspaltung und damit die Lage der neuen Energieniveaus aussagen. Die Berechnung der Größe der Niveauaufspaltung ist Sache der quantenmechanischen Störungsrechnung. Eine weitere Anwendung der Gruppentheorie soll die Aufspaltung der Energieniveaus der Elektronen eines Atoms beim Einbringen in ein starkes Feld mit Kristallsymmetrie bringen.

8.2.2. Aufspaltung der Elektronenterme im Kristallfeld

Die quantenmechanische Behandlung der Elektronenzustände in einem Atom zeigt, daß die Eigenzustände der Elektronen und die Energieeigenwerte durch drei Quantenzahlen, die Hauptquantenzahl n, die Drehimpulsquantenzahl l und die magnetische Quantenzahl m charakterisiert werden können: $f_{n,l,m}$, E_{nlm}.
Zu jeder Hauptquantenzahl n sind die möglichen Werte der Drehimpulsquantenzahl l auf die ganzzahligen Werte zwischen null und $n - 1$ eingeschränkt: $0 \leq l \leq n - 1$. Die magnetische Quantenzahl m durchläuft die Werte zwischen $-l$ und $+l$: $-l \leq m \leq l$. Jeder Zustand zur festen Quantenzahl l ist $(2l + 1)$-fach entartet, da die Energie bei fehlendem äußeren Magnetfeld nicht von der Quantenzahl m abhängt. Darüber hinaus ist die Energie auch bezüglich der Quantenzahl l entartet, so daß die Gesamtentartung des Energieniveaus mit der Hauptquantenzahl n

$$\sum_{l=0}^{n-1} (2l + 1) = n^2$$

beträgt. Für die Bezeichnung der Elektronenzustände im Atom ist es üblich, die Hauptquantenzahl n und die Drehimpulsquantenzahl als kleinen Buchstaben einzuführen:

für die Drehimpulsquantenzahl l	0	1	2	3	4	5
den Buchstaben	s	p	d	f	g	h

so daß zum Beispiel das Symbol $2s$ bedeutet: $n = 2$ und $l = 0$. Die Untersuchung der Aufhebung der Entartung ist ein komplizierter Vorgang. Bei einem Vielelektronenatom treten zahlreiche Wechselwirkungen auf. Die Bahndrehimpulse und die Elektronenspins sind gekoppelt und führen zu komplizierten Abhängigkeiten in den Energieniveaus. Je nach der Stärke des Kristallfeldes bezüglich der inneratomaren Wechselwirkungen kommt es zu unterschiedlichen Aufspaltungen oder Aufhebungen der Entartung.

Beispiel 8.2: Zur Demonstration betrachten wir die Aufspaltung eines d-Niveaus ($l = 2$) an einem Wasserstoffatom in einem starken Kristallfeld mit der Symmetrie der Punktgruppe $\mathbf{D_3}$. Dabei bedeutet der Terminus „stark", daß das äußere Feld alle anderen Wechselwirkungen im Wasserstoffatom übersteigt und dem Energieniveau seine Symmetrie aufzwingt.

Die Punktgruppe $\mathbf{D}_3$ ist durch eine Drehachse dritter Ordnung und drei Drehachsen zweiter Ordnung charakterisiert. Die Gruppe zerfällt in drei konjugierte Klassen (vgl. Tafel 5.1). Es ergeben sich deshalb drei irreduzible Darstellungen. Die Dimension der Darstellungen finden wir aus dem Zusammenhang, daß die Ordnung g einer Gruppe $\mathbf{G}$ sich als Summe von Quadraten ganzer Zahlen schreiben läßt, wobei die Anzahl der Summanden gleich der Zahl der konjugierten Klassen ist. Die ganzen Zahlen sind dann die Dimensionen der Darstellungen. Im Fall der Gruppe $\mathbf{D}_3$ ist die Ordnung $g = 6$, und es müssen drei Summanden vorkommen. Das führt auf die Zerlegung: $1^2 + 1^2 + 2^2 = 6$, d. h., zwei Darstellungen sind eindimensional und eine zweidimensional. Die Charaktertafel ist von der Form:

	E	$2C_3$	$3C_2$
$\mathscr{A}_1$	1	1	1
$\mathscr{A}_2$	1	1	-1
$\mathscr{E}$	2	-1	0

Die Drehgruppe, nach der sich die Drehimpulse transformieren, hat zu festem Drehimpuls l eine $(2l + 1)$-dimensionale Darstellung, wobei der Charakter zur Drehung um den Winkel φ in dieser Darstellung aus der Formel.

$$\chi^l(\varphi) = \frac{\sin\left(l + \tfrac{1}{2}\right)\varphi}{\sin\tfrac{1}{2}\varphi} \quad \text{(siehe [10])}$$

errechnet wird.

Für die beiden Drehungen C_3 und C_2 ergeben sich die Charaktere in der fünfdimensionalen Darstellung zum Drehimpuls $l = 2$:

	E	$2C_3$	$3C_2$
$\mathscr{D}_{\text{tot}}$	5	-1	1

$\mathscr{D}_{\text{tot}}$ (s. 8.2.4.). Wie wir sehen, ist diese Darstellung reduzibel und hat nach Analyse der Charaktertafel der irreduziblen Darstellungen der Gruppe $\mathbf{D}_3$ die Gestalt

$$\mathscr{D}_{\text{tot}} = \mathscr{A}_1 + 2\mathscr{E}.$$

Das fünffach entartete Niveau des Wasserstoffatoms spaltet sich im Kristallfeld in ein nichtentartetes und zwei zweifach entartete Niveaus auf.

Dieses Beispiel deutet die Möglichkeiten der Anwendung der Gruppentheorie an. Ausführlichere Darstellungen zu diesem Gegenstand sind in der entsprechenden Spezialliteratur zu finden.

Eine weitere Anwendung der Gruppentheorie bildet die Klassifikation der Wahrscheinlichkeiten für den Übergang zwischen zwei Zuständen eines physikalischen Systems, wobei der Übergang unter dem Einfluß einer physikalischen Größe erfolgt. So wird zum Beispiel der Übergang eines Elektrons von einem Energieniveau zu einem anderen unter Aussendung oder Aufnahme von Strahlung durch das elektrische Dipolmoment gesteuert.

8.2.3.   Auswahlregeln für Matrixelemente

Ein Matrixelement der Gestalt

$$M_{ik} = \int_V \overline{f_i^{(\alpha)}} M f_k^{(\beta)}\, \mathrm{d}x\, \mathrm{d}y\, \mathrm{d}z$$

beschreibt den Übergang des Systems aus dem Zustand mit der Wellenfunktion $f_k^{(\beta)}$ in den Zustand mit der Wellenfunktion $f_i^{(\alpha)}$ oder umgekehrt unter dem Einfluß der physikalischen Größe M (V ist das Gebiet des E^3, in dem sich das physikalische System befindet). Ist dieses Matrixelement von null verschieden, so ist der Übergang zwischen den beiden Zuständen möglich. Aussagen über die Möglichkeit von Übergängen sind als Auswahlregeln in der Physik bekannt. Die Gruppentheorie kann zwar keine Aussage über die Größe der Matrixelemente machen, kann aber unterscheiden, ob das Matrixelement gleich null wird oder von null verschieden ist. Dieses Ergebnis ist als Auswahlregel bereits von Nutzen.

Die gruppentheoretische Methode beruht auf folgendem Satz, den wir nur ohne Beweis angeben.

Satz 8.1: *$f_k^{(\alpha)}$ sei eine der Basisfunktionen einer irreduziblen Nicht-Eins-Darstellung* S.8.1 *einer Symmetriegruppe eines physikalischen Systems. Dann ist das Integral über den Ortsraum des physikalischen Systems identisch gleich null:*

$$\int_V f_k^{(\alpha)} \, dx \, dy \, dz \equiv 0 \, .$$

Umgekehrt gilt: Ist f eine zu irgendeiner irreduziblen Darstellung einer Gruppe gehörige Basisfunktion, so ist das Integral

$$\int_V f \, dx \, dy \, dz$$

nur dann von null verschieden, wenn diese Darstellung in sich die Eins-Darstellung enthält.

Nun bilden wir mit dem Operator R einer skalaren physikalischen Größe das Matrixelement$_n$

$$R_{ik} = \int_V \overline{f_i^{(\alpha)}} \, R f_k^{(\beta)} \, dx \, dy \, dz \, ,$$

wobei die Indizes i, k die Energieniveaus unterscheiden, zu denen die Darstellungen $\mathscr{D}^{(i)}$ und $\mathscr{D}^{(k)}$ gehören. Da der Operator R gegenüber Symmetrieoperationen invariant ist, liefern die Produkte die Darstellung

$$\mathscr{D}^{(i)} \times \mathscr{D}^{(k)} .$$

Das direkte Produkt zweier verschiedener irreduzibler Darstellungen enthält keine Eins-Darstellung. Dagegen enthält das direkte Produkt einer irreduziblen Darstellung mit sich selbst immer die Eins-Darstellung. Das Matrixelement R_{ik} ist folglich ungleich null, also ist der Übergang erlaubt, wenn der Übergang zwischen Zuständen zum gleichen (entarteten) Energieniveau erfolgt.

S sei ein Vektor mit den Komponenten S_x, S_y, S_z, die bei den Symmetrieoperationen in Linearkombinationen voneinander transformiert werden und eine Darstellung $\mathscr{D}_S$ der Symmetriegruppe bilden. Die Matrixelemente

$$S_{ik} = \int_V \overline{f_i^{(\alpha)}} S f_k^{(\beta)} \, dx \, dy \, dz$$

sind von null verschieden, falls die Produktdarstellung

$$\mathscr{D}^{(i)} \times \mathscr{D}_S \times \mathscr{D}^{(k)}$$

die Eins-Darstellung enthält. Man zerlegt zweckmäßig $\mathscr{D}^{(i)} \times \mathscr{D}_S$ in irreduzible Darstellungen und vergleicht mit der Darstellung $\mathscr{D}^{(k)}$. Enthält die Produktdarstellung

$\mathcal{D}^{(l)} \times \mathcal{D}_S$ die Darstellung $\mathcal{D}^{(k)}$, so ist das Matrixelement S_{ik} von null verschieden, und der damit verbundene Übergang ist erlaubt.

Beispiel 8.3: Wir betrachten ein physikalisches System mit der Symmetrie der Oktaedergruppe **O** und fragen nach erlaubten Übergängen aus einem Zustand des Systems in einen anderen, wenn der Übergang durch einen polaren Vektor gesteuert wird. Ein polarer Vektor ändert bei Spiegelung am Nullpunkt seine Orientierung wie eine Strecke. Polare Vektoren sind z. B. die Geschwindigkeit, die Beschleunigung, die Kraft, der Radiusvektor und die Drehgeschwindigkeit. In der Oktaedergruppe **O** transformieren sich polare Vektoren wie die irreduzible Darstellung $\mathcal{F}_1$. Wir können dies nachweisen, indem wir die einzelnen Gruppenelemente durch dreidimensionale Matrizen darstellen und damit den Radiusvektor transformieren. Die Spuren dieser Matrizen liefern die Charaktere der dreidimensionalen Darstellung $\mathcal{F}_1$. Die Charaktertafel der irreduziblen Darstellungen der Oktaedergruppe **O** hat die folgende Gestalt:

	E	$8C_3$	$3C_2$	$6C_2$	$6C_4$
$\mathcal{A}_1$	1	1	1	1	1
$\mathcal{A}_2$	1	1	1	-1	-1
$\mathcal{E}$	2	-1	2	0	0
$\mathcal{F}_1$	3	0	-1	1	-1
$\mathcal{F}_2$	3	0	-1	-1	1

Nun bilden wir die Produktdarstellungen aus der Darstellung $\mathcal{F}_1$ mit allen Darstellungen der Oktaedergruppe **O**. Wir gewinnen die Zerlegungen dieser Produktdarstellungen nach irreduziblen Darstellungen der Oktaedergruppe, indem wir die Charaktere mit denen der irreduziblen Darstellungen vergleichen. Zum Beispiel gewinnen wir die Charaktere des Produktes $\mathcal{F}_1 \times \mathcal{F}_2$ als Produkt der Charaktere der Darstellungen $\mathcal{F}_1$ und $\mathcal{F}_2$:

	E	$8C_3$	$3C_2$	$6C_2$	$6C_4$
$\mathcal{F}_1$	3	0	-1	-1	1
$\mathcal{F}_2$	3	0	-1	1	-1
$\mathcal{F}_1 \times \mathcal{F}_2$	9	0	1	-1	-1

Vergleichen wir diese Charaktere mit der Charaktertafel der Oktaedergruppe, so entsteht die Zerlegung

$$\mathcal{F}_1 \times \mathcal{F}_2 = \mathcal{A}_2 + \mathcal{E} + \mathcal{F}_1 + \mathcal{F}_2.$$

Alle Produkte der Darstellung $\mathcal{F}_1$ mit den Darstellungen der Oktaedergruppe haben folgende Zerlegungen in irreduzible Darstellungen:

$$\mathcal{F}_1 \times \mathcal{A}_1 = \mathcal{F}_1,$$
$$\mathcal{F}_1 \times \mathcal{A}_2 = \mathcal{F}_2,$$
$$\mathcal{F}_1 \times \mathcal{E} = \mathcal{F}_1 + \mathcal{F}_2,$$
$$\mathcal{F}_1 \times \mathcal{F}_2 = \mathcal{A}_2 + \mathcal{E} + \mathcal{F}_1 + \mathcal{F}_2,$$
$$\mathcal{F}_1 \times \mathcal{F}_1 = \mathcal{A}_1 + \mathcal{E} + \mathcal{F}_1 + \mathcal{F}_2.$$

Die Übergänge sind erlaubt, wenn die Produktdarstellungen die Darstellung des Endzustandes enthält. Da wir uns für alle möglichen Übergänge in diesem System interessieren, durchläuft der Ausgangsstand alle Darstellungen der Oktaedergruppe **O**.

Die Matrixelemente sind für die folgenden Übergänge von null verschieden:

$$\mathscr{F}_1 \qquad \text{geht über in } \mathscr{A}_1, \text{ denn } \mathscr{F}_1 \times \mathscr{A}_1 = \mathscr{F}_1;$$
$$\mathscr{F}_2 \qquad \text{geht über in } \mathscr{A}_2, \text{ denn } \mathscr{F}_1 \times \mathscr{A}_2 = \mathscr{F}_2;$$
$$\mathscr{F}_1, \mathscr{F}_2 \qquad \text{geht über in } \mathscr{E}, \text{ denn } \mathscr{F}_1 \times \mathscr{E} = \mathscr{F}_1 + \mathscr{F}_2;$$
$$\mathscr{A}_2, \mathscr{E}, \mathscr{F}_1, \mathscr{F}_2 \text{ geht über in } \mathscr{F}_2, \text{ denn } \mathscr{F}_1 \times \mathscr{F}_2 = \mathscr{A}_2 + \mathscr{E} + \mathscr{F}_1 + \mathscr{F}_2;$$
$$\mathscr{A}_1, \mathscr{E}, \mathscr{F}_1, \mathscr{F}_2 \text{ geht über in } \mathscr{F}_1, \text{ denn } \mathscr{F}_1 \times \mathscr{F}_1 = \mathscr{A}_1 + \mathscr{E} + \mathscr{F}_1 + \mathscr{F}_2.$$

Die Diagonalelemente der Übergangsmatrix sind von null verschieden, wenn die Darstellung $\mathscr{F}_1$ in der symmetrischen Produktdarstellung $[\mathscr{D}_k^2]$ enthalten ist. Dabei sind die Charaktere in dieser Darstellung aus der Formel

$$[\chi^2](A) = \tfrac{1}{2}\{(\chi(A))^2 + \chi(A^2)\}$$

zu bilden. Zum Beispiel erhalten wir die Charaktere der Produktdarstellung $[\mathscr{F}_1^2]$ in folgender Weise:

	E	$8C_3$	$3C_2$	$6C_2$	$6C_4$
$\mathscr{F}_1$	3	0	-1	-1	1
$(\chi(A))^2$	9	0	1	1	1
$\chi(A^2)$	3	0	3	3	-1
$[\mathscr{F}_1^2]$	6	0	2	0	0

und damit nach Vergleich mit der Charaktertafel der Oktaedergruppe die Zerlegung

$$[\mathscr{F}_1^2] = \mathscr{A}_1 + \mathscr{E} + \mathscr{F}_2.$$

Alle so gebildeten Diagonalelemente haben die Form

$$[\mathscr{A}_1^2] = \mathscr{A}_1,$$
$$[\mathscr{A}_2^2] = \mathscr{A}_1,$$
$$[\mathscr{E}^2] = \mathscr{A}_1 + \mathscr{E},$$
$$[\mathscr{F}_1^2] = \mathscr{A}_1 + \mathscr{E} + \mathscr{F}_2,$$
$$[\mathscr{F}_2^2] = \mathscr{A}_1 + \mathscr{E} + \mathscr{F}_2.$$

Wie wir sehen, enthält keine dieser Darstellungen die Darstellung $\mathscr{F}_1$, und die Matrixelemente in der Diagonale der Übergangsmatrix sind alle gleich null. Die Übergangsmatrix hat symbolisch folgende Gestalt, wenn wir die erlaubten Übergänge mit der Zahl Eins belegen:

$$(S_{ik}) \triangleq \begin{bmatrix} 0 & 0 & 0 & 0 & 1 \\ 0 & 0 & 0 & 1 & 0 \\ 0 & 0 & 0 & 1 & 1 \\ 0 & 1 & 1 & 0 & 1 \\ 1 & 0 & 1 & 1 & 0 \end{bmatrix}, \qquad (i, k) \triangleq \begin{bmatrix} \mathscr{A}_1 \\ \mathscr{A}_2 \\ \mathscr{E} \\ \mathscr{F}_2 \\ \mathscr{F}_1 \end{bmatrix}.$$

Zum Abschluß unserer Beispiele für Anwendungen der Gruppentheorie in der Quantenmechanik wollen wir uns der Klassifizierung der Schwingungszustände eines Moleküls zuwenden. Die Anwendung der Gruppentheorie bildet die notwendige Grundlage zur Deutung der Ergebnisse der Spektroskopie aller Wellenbereiche.

8.2.4. Klassifizierung der Molekülschwingungen

Die äußere Symmetrie der Moleküle ist Ausdruck der Struktur der Molekül-orbitale, die die Bindungen zwischen den einzelnen Atomen des Moleküls vermitteln.

Die Gesamtwellenfunktion des Moleküls als Überlagerung der einzelnen Orbitale ist invariant gegenüber allen Elementen der Symmetriegruppe des Moleküls. Diese Wellenfunktion gehört demzufolge zur irreduziblen Eins-Darstellung der Punktgruppe des Moleküls. Ein aus N Atomen bestehendes nichtlineares Molekül hat $3N - 6$ Schwingungsfreiheitsgrade. Ein Molekül nennen wir dann linear, wenn alle Atome längs einer Geraden angeordnet sind. Betrachten wir kleine harmonische Schwingungen der Atome um ihre Ruhelagen, so ist die Energie des schwingenden Moleküls eine quadratische Form in den Verschiebungen $\mathbf{u}_k$ aus der Ruhelage und deren erster Zeitableitungen $\dot{\mathbf{u}}_k$:

$$E = \tfrac{1}{2} \sum_{l,k} m_{lk} \dot{\mathbf{u}}_l \dot{\mathbf{u}}_k + \tfrac{1}{2} \sum_{l,k} k_{lk} \mathbf{u}_l \mathbf{u}_k;$$

dabei sind die Größen m_{lk} und k_{lk} konstante Koeffizienten (Ausdrücke für die Massen und die Rückstellkräfte), und die Summation erfolgt in jedem Index von 1 bis $3N$ (u_1, u_2, u_3 sind die drei Koordinaten des Verschiebungsvektors des ersten Atoms usw.).

Die beiden Summen sind als kinetische und potentielle Energie positiv definite quadratische Formen. Sie lassen sich deshalb gleichzeitig als Summen aus reinen Quadraten neuer Koordinaten q_α^k und deren Zeitableitungen $\dot{q}_\alpha^k$ darstellen. Diese Koordinaten werden so gewählt, daß die Koeffizienten bei der kinetischen Energie gleich eins werden:

$$E = \tfrac{1}{2} \sum_{\alpha,k} (\dot{q}_\alpha^k)^2 + \tfrac{1}{2} \sum_{\alpha,k} \omega_\alpha^2 (q_\alpha^k)^2.$$

Die neuen Koordinaten nennt man *Normalkoordinaten*. In diesen Normalkoordinaten sind die Schwingungen unabhängig voneinander und ihre Frequenzen sind die Zahlen ω_α. Der Index α unterscheidet die verschiedenen Freqenzen, während der Index k den Entartungsgrad jeder Frequenz durchläuft: $k = 1, \dots, f_\alpha$. Ist der Ausdruck für die Energie eines schwingenden Moleküls gegenüber allen Symmetrieoperationen invariant, dann bedeutet das, daß die Normalkoordinaten q_α^k zu einer festen Frequenz ω_α in Linearkombinationen voneinander transformiert werden, wobei die Summe der Quadrate $\sum_k (q_\alpha^k)^2$ ungeändert bleibt. Die Normalkoordinaten bilden eine irreduzible Darstellung der Symmetriegruppe des Moleküls. Der Übergang von der Darstellung der Energie durch die Komponenten der Verschiebungsvektoren $\mathbf{u}_k$ zu der Darstellung durch Normalkoordinaten entspricht einer Schwingungsdarstellung oder totalen Darstellung und ihrer Zerlegung in irreduzible Darstellungen.

Die totale Darstellung gewinnen wir dadurch, daß wir den $3N$-dimensionalen Vektor aller Komponenten der Verschiebungsvektoren allen Klassen von Symmetrieoperationen der Symmetriegruppe unterwerfen und den Übergang durch eine $(3N \times 3N)$-Matrix herstellen. Da wir für die Zerlegung einer Darstellung in irreduzible nur die Kenntnis der Charaktere (Spuren) der Übergangsmatrizen benötigen, gibt es ein einfacheres Verfahren zu ihrer Ermittlung. Wir geben die Formeln der einzelnen Charaktere an, ohne deren Herleitung zu begründen. In der totalen Darstellung haben die Symmetrieelemente der Punktgruppen folgende Charaktere:

<table>
<tr><td>das Einselement E:</td><td>$\chi(E) = 3N - 6,$</td></tr>
<tr><td>die Drehung $C(\varphi)$:</td><td>$\chi(C) = (N_c - 2)(1 + 2\cos\varphi),$</td></tr>
<tr><td>die Drehspiegelung $S(\varphi)$:</td><td>$\chi(S) = N_s(2\cos\varphi - 1),$</td></tr>
<tr><td>die Spiegelung σ:</td><td>$\chi(\sigma) = N_\sigma,$</td></tr>
<tr><td>die Inversion i:</td><td>$\chi(i) = N_i,$</td></tr>
</table>

dabei ist die Zahl N_R gleich der Zahl der bei der Symmetrieoperation R festbleibenden Atome, $C(\varphi)$ und $S(\varphi)$ sind Dreh- bzw. Drehspiegelachsen mit dem Drehwinkel φ. Als Anwendungsbeispiel wollen wir die Schwingungen des Methanmoleküls CH_4 untersuchen.

Beispiel 8.4: Die Symmetriegruppe des CH_4-Moleküls ist die volle Tetraedergruppe T_d. Wir erinnern uns, daß diese Gruppe durch drei S_4-Achsen, vier C_3-Achsen und sechs Spiegelebenen charakterisiert ist, 24 Elemente enthält und fünf konjugierte Klassen besitzt:

> ein Element E,
> acht Rotationen C_3 und C_3^2,
> sechs Spiegelungen σ an den Ebenen,
> sechs Drehspiegelungen S_4 und S_4^3,
> drei Rotationen $C_2 = S_4^2$.

Die Gruppenordnung $g = 24$ läßt sich in eine Summe von fünf Quadraten ganzer Zahlen zerlegen:

$$24 = 1^2 + 1^2 + 2^2 + 3^2 + 3^2.$$

Aus dieser Zerlegung ersehen wir, daß die Tetraedergruppe zwei eindimensionale, eine zweidimensionale und zwei dreidimensionale irreduzible Darstellungen besitzt. Die Charaktertafel der Tetraedergruppe hat die folgende Form:

	E	$8C_3$	$3C_2$	6σ	$6S_4$
$\mathscr{A}_1$	1	1	1	1	1
$\mathscr{A}_2$	1	1	1	-1	-1
$\mathscr{E}$	2	-1	2	0	0
$\mathscr{F}_2$	3	0	-1	1	-1
$\mathscr{F}_1$	3	0	-1	-1	1

Die Charaktere zu den Elementen der konjugierten Klassen in der totalen Darstellung gewinnen wir aus den oben angegebenen Formeln:

- Das Molekül enthält fünf Atome, hat also 9 Schwingungsfreiheitsgrade, und der Charakter des Einselementes ist ebenfalls $9: \chi(E) = 9$.
- Bei den Drehungen um die C_3-Achsen bleiben zwei Atome, das zentrale Kohlenstoffatom und eines der Wasserstoffatome ortsfest ($N_C = 2$), und mit $\varphi = 120°$ wird der Charakter der Drehungen C_3 und C_3^2 gleich null: $\chi(C_3) = 0$.
- Bei den Drehungen um die C_2-Achsen bleibt nur das zentrale Kohlenstoffatom ortsfest ($N_C = 1$), und der Charakter wird gleich eins: $\chi(C_2) = 1$.
- Bei den Spiegelungen σ sind immer drei Atome ortsfest, das zentrale Kohlenstoffatom und zwei Wasserstoffatome, und der Charakter ist gleich drei: $\chi(\sigma) = 3$.
- Bei den Drehspiegelungen S_4 bleibt nur das Kohlenstoffatom ortsfest, und der Charakter wird gleich minus eins: $\chi(S) = -1$.

Wir haben damit die Charaktere in der totalen Darstellung gefunden:

	E	$8C_3$	$3C_2$	6σ	$6S_4$
$\mathscr{D}_{tot}$	9	0	1	3	-1

Vergleichen wir diese Charaktere mit der Charaktertafel der irreduziblen Darstellungen der Tetraedergruppe, so ergibt sich die Reduzibilität der totalen Darstellung.

Um die Zerlegung in irreduzible Darstellungen zu finden, benutzen wir entweder die Formel

$$n_h = \frac{1}{g} \sum_{v=1}^{m} a_v \chi^h(A_v)\, \chi^{tot}(A_v), \quad \text{mit}$$

n_h — Faktor der Häufigkeit, mit dem die h-te Darstellung in der totalen Darstellung enthalten ist,

χ^h — Charakter der h-ten Darstellung,

χ^{tot} — Charakter der totalen Darstellung,

(A_v) — ein Repräsentant der v-ten Klasse,

a_v — Anzahl der Elemente in der v-ten Klasse,

m — Anzahl der Klassen und

g — Gruppenordnung,

oder wir finden die Zerlegung durch einfaches Probieren:

	E	$8C_3$	$3C_2$	$6\sigma_d$	$6S_4$
$\mathscr{A}_1$	1	1	1	1	1
$\mathscr{E}$	2	−1	2	0	0
$2\mathscr{F}_2$	6	0	−2	2	−2
$\mathscr{D}_{tot}$	9	0	1	3	−1

d. h.:

$$\mathscr{D}_{tot} = \mathscr{A}_1 + \mathscr{E} + 2\mathscr{F}_2.$$

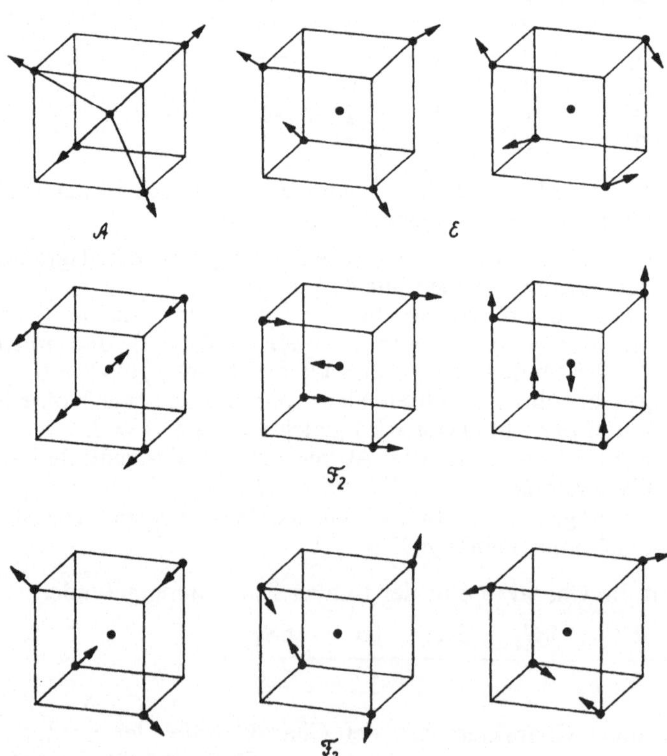

Bild 8.2. Die Normalschwingungen des Methanmoleküls

Das Methanmolekül hat demnach 4 Eigenschwingungen, eine nichtentartete, eine zweifach entartete und zwei dreifach entartete. Die Eigenschwingungen transformieren sich nach den Darstellungen $\mathscr{A}_1$, $\mathscr{E}$ und $\mathscr{F}_2$. Die Kenntnis der Transformationseigenschaften der irreduziblen Darstellungen gestattet sogar die Analyse der Schwingungszustände bezüglich ihrer räumlichen Symmetrie. Zur Ableitung der Schwingungszustände aus den Eigenschaften der Darstellungen verweisen wir auf die Spezialliteratur [4] [10]. Bei der Einsdarstellung $\mathscr{A}_1$ muß die volle Symmetrie des Moleküls erhalten bleiben; folglich kann das Molekül nur so schwingen, daß es sich ähnlich bleibt. Bei dieser Schwingung bleibt das Kohlenstoffatom ortsfest und die vier Wasserstoffatome schwingen längs ihrer Bindungen gleichzeitig nach außen oder nach innen. Alle Schwingungszustände des Methanmoleküls sind in Bild 8.2 zusammengestellt.

Lösungen der Aufgaben

2.1. P wird durch φ in eine seiner Symmetrielagen übergeführt. Beschreiben wir diese Symmetrielage durch das Bild $\varphi(P)$ von P bei der Abbildung $\varphi: P \to \varphi(P)$, so heißt dies, P und $\varphi(P)$ sind ununterscheidbar (was nicht heißen muß identisch); φ ist also eine Symmetrieoperation für P.

2.2. Nein! Es ist $C_2 \neq \sigma_v$. Ein Punkt $P \in \mathbf{E}^3$ oberhalb der durch $\triangle$ bestimmten Ebene wandert durch C_2 nach unten, durch σ_v aber nicht.

2.3. $\triangle$: a) Drehsymmetrieachsen sind C_3 (als Referenzachse durch den Mittelpunkt O von $\triangle$ und senkrecht auf $\triangle$) und C_2', C_2'', C_3''' (durch die Ecken und O); Spiegelsymmetrieebenen sind σ_v', σ_v'', σ_v''' (durch C_3 sowie C_2', C_2'', C_2''') und σ_h (als Ebene, in der $\triangle$ liegt); einzige Drehspiegelsymmetrieachse ist S_6 (bestehend aus C_3 und σ_h). b) $\mathbf{D}_{3h} = \{E, C_3, C_3^2, C_2', C_2'', C_2''', \sigma_v', \sigma_v'', \sigma_v''', S_6, S_6^3, S_6^5\}$; zu beachten sind die Beziehungen $S_6 = C_3 \cdot \sigma_h$, $S_6^2 = C_3^2$, $S_6^3 = \sigma_h$, $S_6^4 = C_3$, $S_6^5 = C_3^2 \cdot \sigma_h$, $S_6^6 = E$.
$\square$: a) Drehsymmetrieachsen sind C_4 (als Hauptdrehachse durch den Mittelpunkt O von $\square$ und senkrecht darauf), C_2', C_2'' (durch O und die Ecken von $\square$) sowie $\dot{C}_2$ und $\ddot{C}_2$ (durch O und die Mittelpunkte der Seiten von $\square$); Spiegelsymmetrieebenen sind σ_v', σ_v'', σ_d', σ_d'' (Ebenen durch C_4 und C_2', C_2'', $\dot{C}_2$, $\ddot{C}_2$) und σ_h (Ebene, in der $\square$ liegt); Drehspiegelsymmetrieachsen sind S_4 (bestehend aus C_4 und σ_h) und S_2 (beliebige Achse durch O, senkrecht auf einer Spiegelebene durch O); Inversionszentrum ist $i = O$. b) $\mathbf{D}_{4h} = \{E, C_4, C_4^2, C_4^3, C_2', C_2'', \dot{C}_2, \ddot{C}_2, \sigma_v', \sigma_v'', \sigma_d', \sigma_d'', \sigma_h, i, S_4, S_4^3\}$.

2.4. a) Die drei F-Kerne des BF_3-Kerngerüstes sitzen in den Ecken eines gleichseitigen Dreiecks $\triangle$, tauschen also bei allen Symmetrieoperationen von $\triangle$ ihre Plätze aus, während der B-Kern im Mittelpunkt von $\triangle$ Fixpunkt ist. Analog verhält es sich mit XeF_4 in $\square$. b) Das NH_3-Kerngerüst gestattet nur solche Bewegungen, bei denen der N-Kern Fixpunkt ist und die H-Kerne als Ecken eines gleichseitigen Dreiecks $\triangle$ ihre Plätze wechseln. Die Symmetriemenge von NH_3 ist demnach eine Teilmenge der Symmetriemenge $\mathbf{D}_{3h}$ von $\triangle \subset \mathbf{E}^3$, nämlich $\mathbf{C}_{3v} = \{E, C_3, C_3^2, \sigma_v', \sigma_v'', \sigma_v'''\}$. Dies ist aber gerade die Symmetriemenge von $\triangle$, wenn man nur Bewegungen des $\mathbf{E}^2 \supset \triangle$ zuläßt (Bild L 2.1., a)). Die Überlegung bez. $\square \subset \mathbf{E}^2$ und SF_5Cl verläuft analog: $\mathbf{C}_{4v} = \{E, C_4, C_4^2, C_4^3, \sigma_v', \sigma_v'', \dot{\sigma}_v, \ddot{\sigma}_v\}$, wobei σ_v', σ_v'' bzw. $\dot{\sigma}_v$, $\ddot{\sigma}_v$ als Spiegelungen an den Geraden durch gegenüberliegende Ecken bzw. durch gegenüberliegende Seitenmitten von $\square$ anzusehen sind (Bild L 2.1., b)). Die Inversion i am Ursprung $O = i$ ist durch C_4^2 erfaßt: $C_4^2 = i$.

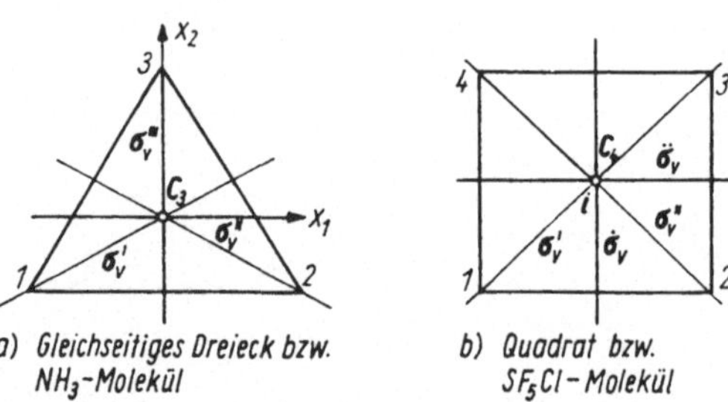

a) Gleichseitiges Dreieck bzw. NH_3-Molekül

b) Quadrat bzw. SF_5Cl-Molekül

Bild L 2.1. Symmetrieelemente von $\triangle$, $\square \subset \mathbf{E}^2$

3.1. Unter Weglassung der Eingangszeile bzw. -spalte lauten die Gruppentafeln von $\mathbf{C}_{3v}$ bzw. $\mathbf{C}_{4v}$

Tafel L 3.1. Gruppentafel der Symmetriegruppe $\mathbf{C}_{3v}$ des NH_3-Moleküls bzw. von $\triangle \subset \mathbf{E}^2$

E	C_3	C_3^2	σ_v'	σ_v''	σ_v'''
C_3	C_3^2	E	σ_v'''	σ_v'	σ_v''
C_3^2	E	C_3	σ_v''	σ_v'''	σ_v'
σ_v'	σ_v''	σ_v'''	E	C_3	C_3^2
σ_v''	σ_v'''	σ_v'	C_3^2	E	C_3
σ_v'''	σ_v'	σ_v''	C_3	C_3^2	E

Inverse Elemente:

$E^{-1} = E, \qquad C_3^{-1} = C_3^2$

$(C_3^2)^{-1} = C_3, \qquad \sigma_v'^{-1} = \sigma_v'$

$\sigma_v''^{-1} = \sigma_v'', \qquad \sigma_v'''^{-1} = \sigma_v'''$

Tafel L 3.2. Gruppentafel der Symmetriegruppe C_{4v} des SF_5Cl-Moleküls bzw. von $\square \subset E^2$

$$
\begin{array}{cccccccc}
E & C_4 & C_4^2 & C_4^3 & \sigma_v' & \sigma_v'' & \dot\sigma_v & \ddot\sigma_v \\
C_4 & C_4^2 & C_4^3 & E & \dot\sigma_v & \ddot\sigma_v & \sigma_v'' & \sigma_v' \\
C_4^2 & C_4^3 & E & C_4 & \sigma_v'' & \sigma_v' & \ddot\sigma_v & \dot\sigma_v \\
C_4^3 & E & C_4 & C_4^2 & \ddot\sigma_v & \dot\sigma_v & \sigma_v' & \sigma_v'' \\
\sigma_v' & \ddot\sigma_v & \sigma_v'' & \dot\sigma_v & E & C_4^2 & C_4^3 & C_4 \\
\sigma_v'' & \dot\sigma_v & \sigma_v' & \ddot\sigma_v & C_4^2 & E & C_4 & C_4^3 \\
\dot\sigma_v & \sigma_v' & \ddot\sigma_v & \sigma_v'' & C_4 & C_4^3 & E & C_4^2 \\
\ddot\sigma_v & \sigma_v'' & \dot\sigma_v & \sigma_v' & C_4^3 & C_4 & C_4^2 & E
\end{array}
$$

Inverse Elemente:

$$
\begin{aligned}
E^{-1} &= E, \qquad C_4^{-1} = C_4^3, \\
(C_4^2)^{-1} &= C_4^2, \\
(C_4^3)^{-1} &= C_4, \\
\sigma_v'^{\,-1} &= \sigma_v', \\
\sigma_v''^{\,-1} &= \sigma_v'', \\
\dot\sigma_v^{\,-1} &= \dot\sigma_v, \\
\ddot\sigma_v^{\,-1} &= \ddot\sigma_v.
\end{aligned}
$$

3.2. Gemäß der Numerierung in Bild L 2.1., a)) entsprechen folgenden Symmetrieoperationen von C_{3v} (vgl. Lösung der Aufgabe 3.1) die folgenden Permutationen: $E \triangleq \varepsilon = (1)\,(2)\,(3)$, $C_3 \triangleq \pi_1 = (1\ 2\ 3)$, $C_3^2 \triangleq \pi_2 = (1\ 3\ 2)$, $\sigma_v' \triangleq \sigma_1 = (1)\,(2\ 3)$, $\sigma_v'' \triangleq \sigma_2 = (1\ 3)\,(2)$, $\sigma_v''' \triangleq \sigma_3 = (1\ 2)\,(3)$. Bilden wir alle Permutationsprodukte aus $\mathfrak{S}_3 = [\varepsilon, \pi_1, \pi_2, \sigma_1, \sigma_2, \sigma_3]$ und ersetzen in der Tafel L 3.1 die Symmetrieoperationen durch die ihnen entsprechenden Permutationen, erhalten wir die Gruppentafel von $\mathfrak{S}_3$.

3.3. a)

$$
\begin{array}{cccc}
E & A & B & C \\
A & E & C & B \\
B & C & E & A \\
C & B & A & E
\end{array}
\qquad
\text{Die mittlere Produkttafel läßt sich nicht zu einer}
\qquad
\begin{array}{cccc}
E & A & B & C \\
A & C & E & B \\
B & E & C & A \\
C & B & A & E
\end{array}
$$

Gruppentafel vervollständigen.

b) Nein!, c) G_1 ist die Kleinsche Vierergruppe (vgl. Tafel 3.3), $G_3 \cong S_4$ (Gruppentafel von S_4: Tafel 2.1, linke obere Teilmatrix).

3.4. a) Aus $E^- = L^T \cdot E^- \cdot L$ folgt $\det E^- = \det L^T \det E^- \det L$, und wegen $\det E^- = -1$ gilt deshalb $(\det L)^2 = 1$. b) Für $L_1, L_2 \in L_4$ gilt $(L_1 \cdot L_2)^T \cdot E^- \cdot (L_1 \cdot L_2) = L_2^T \cdot (L_1^T \cdot E^- \cdot L_1) \cdot L_2 = L_2^T \cdot E^- \cdot L_2 = E^-$, also ist $L_4 \cdot L_4 \subset L_4$; mit $L \in L_4$ ist auch $L^{-1} \in L_4$, denn aus $L^T \cdot E^- \cdot L = E^-$ folgt $E^- = (L^T)^{-1} \cdot E^- \cdot L^{-1} = (L^{-1})^T \cdot E^- \cdot L^{-1}$, also gilt $L_4^{-1} \subset L_4$. c) Für $L_1^+, L_2^+ \in L_4^+ \subset L_4$ gilt $\det(L_1^+ \cdot L_2^+) = \det L_1^+ \det L_2^+ = 1$, also $L_4^+ \cdot L_4^+ \subset L_4^+$; wegen $\det (L^+)^{-1} = (\det L^+)^{-1} = 1^{-1} = 1$ ist ferner $(L_4^+)^{-1} \subset L_4^+$, d. h. L_4^+ ist eine Untergruppe von L_4, und zwar ein Normalteiler: L^- sei eine beliebige, L_0^- eine feste uneigentliche Lorentzmatrix $(\det L^- = \det L_0^- = -1)$. Es gilt $L^- \cdot L_0^- = L^+ \in L_4^+$, also $L^- = L^+ \cdot (L_0^-)^{-1}$ mit $\det (L_0^-)^{-1} = -1$. Deshalb ist $L_4 = L_4^+ \cup L_4^+ \cdot (L_0^-)^{-1}$ die Linksnebenklassenzerlegung von L_4 nach L_4^+ und $[L_4 : L_4^+] = 2$. Die Rechtsnebenklassenzerlegung nach L_4^+ hat also zwei Klassen; eine davon ist L_4^+, die andere muß demnach $L_4^+ \cdot (L_0^-)^{-1}$ sein. Rechts- und Linksnebenklassen stimmen also überein.

3.5. Die Gruppenordnung $g = 6$ von C_{3v} hat die Teiler 1, 2, 3 und 6. Es gibt also nur Untergruppen zu den Ordnungen $u = 1, 2, 3, 6$. Sie lauten $[E]$, $[E, \sigma_v']$, $[E, \sigma_v'']$, $[E, \sigma_v''']$, $[E, C_3, C_3^2] = C_3$ und C_{3v} und haben die Indizes $j = 6, 3, 3, 3, 2$. C_3 ist der einzige nichttriviale Normalteiler von C_{3v}.

3.6. Für Normalteiler stimmen Links- und Rechtsnebenklassenzerlegung überein. $C_{3v} = E \cdot C_3 \cup \sigma_v' \cdot C_3 = \{E, C_3, C_3^2\} \cup \{\sigma_v', \sigma_v'', \sigma_v'''\}$. Repräsentanten der Zerlegung sind z. B. E und σ_v'. Die Produkte aus den Klassen E, σ_v' lauten repräsentantenweise und gleich als Gruppentafel der Faktorgruppe C_{3v}/C_3 notiert (benutze Tafel L 3.1):

$$
\begin{array}{c|cc}
 & E & \sigma_v' \\
\hline
E & E & \sigma_v' \\
\sigma_v' & \sigma_v' & E
\end{array}
$$

3.7. Mit Hilfe von Tafel L 3.1. finden wir: $C_{3v} = \{E\} \cup \{C_3, C_3^2\} \cup \{\sigma_v', \sigma_v'', \sigma_v'''\} = (E) \cup (C_3) \cup (\sigma_v')$ $= (A_1) \cup (A_2) \cup (A_3)$. Aus $(A_\lambda) \cdot (A_\mu) = k_{\lambda\mu,1}(A_1) \cup k_{\lambda\mu,2}(A_2) \cup k_{\lambda\mu,3}(A_3)$ folgt dann $k_{11,1} = k_{12,2} = k_{13,3} = k_{21,2} = k_{22,2} = k_{31,3} = 1$, $k_{22,1} = k_{23,3} = k_{32,3} = 2$, $k_{33,1} = k_{33,2} = 3$; alle anderen $k_{\lambda\mu,\nu}$ sind null.

4.1. Durch die Drehung C_3 geht über: $H_1 \to H_2$, $H_2 \to H_3$, $H_3 \to H_1$. Sind $\mathbf{x}_i = \overrightarrow{OH_i}$ ($i = 1, 2, 3$) die Ortsvektoren der H_i, so muß dabei gelten $\mathbf{x}_2 = A \cdot \mathbf{x}_1$, $\mathbf{x}_3 = A \cdot \mathbf{x}_2$, $\mathbf{x}_1 = A \cdot \mathbf{x}_3$. Zusammen bilden diese drei Gleichungen ein lineares Gleichungssystem aus neun Gleichungen in den neun Unbekannten $a_{\nu\mu}$; $A = (a_{\nu\mu})$. Dessen Lösung lautet $a_{12} = a_{23} = a_{31} = 1$ und $a_{\nu\mu} = 0$ für alle anderen Indizes ν, μ. A ist also eine Matrix aus $O^+(3)$ bzw. aus $SL(3)$.

b) $D = D_3 D_2 D_1$

$$= \frac{1}{2}\begin{bmatrix} 1 & -\sqrt{3} & 0 \\ \sqrt{3} & 1 & 0 \\ 0 & 0 & 1 \end{bmatrix} \frac{1}{2}\begin{bmatrix} 1 & 0 & 0 \\ 0 & \sqrt{3} & 1 \\ 0 & -1 & \sqrt{3} \end{bmatrix} \frac{1}{2}\begin{bmatrix} -\sqrt{3} & -1 & 0 \\ 1 & -\sqrt{3} & 0 \\ 0 & 0 & 1 \end{bmatrix} = \frac{1}{8}\begin{bmatrix} -3-2\sqrt{3} & -2+3\sqrt{3} & -2\sqrt{3} \\ -6+\sqrt{3} & -3-2\sqrt{3} & 2 \\ -2 & 2\sqrt{3} & 4\sqrt{3} \end{bmatrix}.$$

Sind $\mathbf{x}'_i = \overrightarrow{OH_i}$ die Ortsvektoren der Bildpunkte H'_i von H_i ($O = O'$ ist Fixpunkt), so erhalten wir aus $\mathbf{x}'_i = D \cdot \mathbf{x}_i$, also H'_1: $(-5/4 + \sqrt{3}/4,\ -9/4 - \sqrt{3}/4,\ 1/2 + \sqrt{3}/2)$, H'_2: $(-3/4 - \sqrt{3},\ -1 + \sqrt{3}/4,\ -1/2 + \sqrt{3})$, H'_3: $(-1/2 + \sqrt{3}/4,\ -1/4 - \sqrt{3}/2, 3\sqrt{3}/2)$. Das Tetraeder nimmt also keine seiner Symmetrielagen ein!

4.2. Wir beziehen uns auf Bild L 2.1. Die Koordinaten der Ecken 1, 2, 3 sind $(-1/2\sqrt{3},\ -1/2)$, $(1/2\sqrt{3},\ -1/2)$, $(0,\ 1)$. Drehungen: Sie werden gemäß 4.1.3. ($\mathfrak{B}$) [i] durch Matrizen

$$A(\alpha) = \begin{bmatrix} \cos\alpha & -\sin\alpha \\ \sin\alpha & \cos\alpha \end{bmatrix}$$ beschrieben. Demgemäß gehören für $\alpha = 0°, 120°, 240°$ zusammen:

$$E: E = \begin{bmatrix} 1 & 0 \\ 0 & 1 \end{bmatrix}, \quad C_3: \Delta' = \tfrac{1}{2}\begin{bmatrix} -1 & -\sqrt{3} \\ \sqrt{3} & -1 \end{bmatrix} \text{ und } C_3^2: \Delta'' = \Delta'^{\mathrm{T}}.$$

Spiegelungen: Nach dem Vorbild der Lösung der Aufgabe 4.1 finden wir für σ'_v ($1 \to 1, 2 \to 3,\ 3 \to 2$), für σ''_v ($1 \to 3, 2 \to 2, 3 \to 1$) und für σ'''_v ($1 \to 2, 2 \to 1, 3 \to 3$) die Matrizen

$$\sigma'_v: \sigma' = \tfrac{1}{2}\begin{bmatrix} 1 & \sqrt{3} \\ \sqrt{3} & -1 \end{bmatrix}, \quad \sigma''_v: \sigma'' = \tfrac{1}{2}\begin{bmatrix} 1 & -\sqrt{3} \\ -\sqrt{3} & -1 \end{bmatrix}, \quad \sigma'''_v: \sigma''' = \begin{bmatrix} -1 & 0 \\ 0 & 1 \end{bmatrix}.$$

5.1. Wir zeigen, daß C_6 zu C_6^{-1} konjugiert ist: Es gilt $C_6^{-1} = C_6^5$. Es sei C_2' eine zweizählige Drehsymmetrieachse senkrecht auf C_6. Dann gilt: $C_2'^{-1} \cdot C_6 \cdot C_2' = C_2' \cdot C_6 \cdot C_2' = C_6^5 = C_6^{-1}$.

5.2. Den vorhandenen Symmetrieelementen gemäß haben wir Tafel 5.3 folgendermaßen zu durchlaufen: a) ja – ja – ja – ja, $\triangle \subset \mathbf{E}^3$ gehört zur Gruppe $\mathbf{D}_{3h}$; ja – ja – nein – nein – ja, $\triangle \subset \mathbf{E}^2$ gehört zu $\mathbf{C}_{3v}$. b) ja – ja – ja – ja, $\square \subset \mathbf{E}^3$ gehört zu $\mathbf{D}_{4h}$; analog: $\square \subset \mathbf{E}^2$ gehört zu $\mathbf{C}_{4v}$. c) ja – ja – ja – ja, $\mathbf{D}_{6h}$. d) ja – ja – nein – ja, $\mathbf{C}_{2h}$. e) nein – nein – nein, $\mathbf{C}_1$. f) nein – ja, $\mathbf{C}_s$.

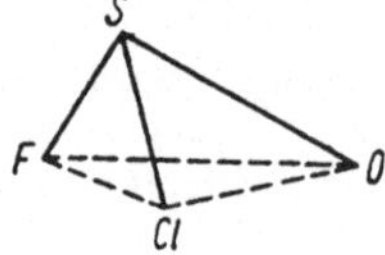

Bild L 5.1. FCISO-Molekül

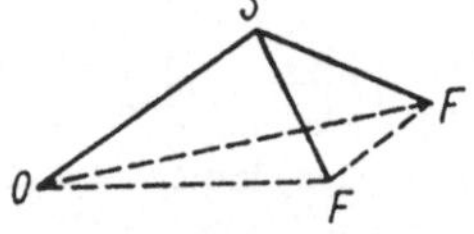

Bild L 5.2. F_2SO-Molekül

5.3. a) $\mathbf{C}_1$, b) FCISO (Bild L 5.1).

6.1. Die Basisvektoren haben in der orthonormierten Basis die Gestalt

$$\mathbf{a}_1 = \tfrac{1}{2}(\mathbf{e}_1 + \mathbf{e}_2) \qquad \mathbf{a}_2 = \tfrac{1}{2}(\mathbf{e}_2 + \mathbf{e}_3) \qquad \mathbf{a}_3 = \tfrac{1}{2}(\mathbf{e}_3 + \mathbf{e}_1).$$

Nach den Regeln der Vektorproduktbildung erhält man für das Spatprodukt

$$[\mathbf{a}_1\mathbf{a}_2\mathbf{a}_3] = \mathbf{a}_1(\mathbf{a}_2 \times \mathbf{a}_3) = \tfrac{1}{8}(\mathbf{e}_1 + \mathbf{e}_2)(\mathbf{e}_1 + \mathbf{e}_2 - \mathbf{e}_3) = \tfrac{1}{4}$$

und die Vektorprodukte

$$\mathbf{a}_1 \times \mathbf{a}_2 = \tfrac{1}{4}(\mathbf{e}_1 - \mathbf{e}_2 + \mathbf{e}_3), \qquad \mathbf{a}_2 \times \mathbf{a}_3 = \tfrac{1}{4}(\mathbf{e}_1 + \mathbf{e}_2 - \mathbf{e}_3), \qquad \mathbf{a}_3 \times \mathbf{a}_1 = \tfrac{1}{4}(-\mathbf{e}_1 + \mathbf{e}_2 + \mathbf{e}_3)$$

und damit für die Basisvektoren des reziproken Gitters

$$\mathbf{a}^1 = \mathbf{e}_1 + \mathbf{e}_2 - \mathbf{e}_3,$$
$$\mathbf{a}^2 = -\mathbf{e}_1 + \mathbf{e}_2 + \mathbf{e}_3,$$
$$\mathbf{a}^3 = \mathbf{e}_1 - \mathbf{e}_2 + \mathbf{e}_3.$$

7.1. In der Lösung der Aufgabe 4.2 sind den Symmetrieoperationen $E, C_3, C_3^2, \sigma'_v, \sigma''_v, \sigma'''_v \in \mathbf{C}_{3v}$ in dieser Reihenfolge die Matrizen $E, \varDelta', \varDelta'', \sigma', \sigma'', \sigma'''$ zugeordnet. Diese Matrizen bilden eine Gruppe $\mathbf{M}_2$. Die durch die Zuordnung definierte Abbildung $\mathscr{R}:\mathbf{C}_{3v}\to\mathbf{M}_2$ ist eineindeutig und relationstreu. $\mathscr{R}$ ist also eine reelle treue Darstellung durch die orthogonalen Matrizen von $\mathbf{M}_2$. Es gilt $\mathscr{R}(E) = E$, $\mathscr{R}(C_3) = \varDelta'$, $\mathscr{R}(C_3^2) = \varDelta''$, $\mathscr{R}(\sigma'_v) = \sigma'$, $\mathscr{R}(\sigma''_v) = \sigma''$, $\mathscr{R}(\sigma'''_v) = \sigma'''$.

7.2. Nach Aufgabe 3.7 zerfällt $\mathbf{C}_{3v}$ in drei konjugierte Klassen, besitzt also drei solcher Darstellungen.

7.3. Man benutze die Formeln (χ_1) bzw. (χ_2) von Burnside. Gemäß Lösung Aufgabe 3.7 ist in (χ_1): $a_1 = 1, a_2 = 2, a_3 = 3, m = 3$. Wir werten (χ_1) aus für: 1) $k_{11,1} = 1, k_{11,\nu} = 0$ $(\nu \neq 1)$; 2) $k_{22,1} = 2, k_{22,2} = 1, k_{22,3} = 0$; 3) $k_{33,1} = k_{33,2} = 3, k_{33,3} = 0$ und erhalten: ad 1) $\chi_1^h = n_h$, ad 2) $\chi_2^h = n_h$ und $\chi_2^h = -\tfrac{1}{2}n_h$, ad 3) $\chi_3^h = \pm n_h$, wenn $\chi_2^h = n_h$ ist und $\chi_3^h = 0$ für $\chi_2^h = -\tfrac{1}{2}n_h$. Daraus ergibt sich in den Dimensionen d_1, d_2, d_3 der drei irreduziblen Darstellungen von $\mathbf{C}_{3v}$ die Tafel L 7.1 $(A_1 = E, A_2 = C_3, A_3 = \sigma'_v)$. Wegen (χ_2), d. h. wegen $\sum_{\nu=1}^{3} a_\nu(\chi^\lambda_\nu)^2 = 6$ $(\lambda = \mu, g = 6)$ gilt hier $d_1 = 1, d_2 = 1$ und $d_3 = 2$.

Tafel L 7.1. Charaktertafel des NH_3-Moleküls

(A_1)	(A_2)	(A_3)
d_1	d_1	d_1
d_2	d_2	$-d_2$
d_3	$-\tfrac{1}{2}d_3$	0

Literatur

[1] *Borsdorf, R.; Dietz, F.; Leonhard, G.; Reinhold, J.:* Einführung in die Molekülsymmetrie. Leipzig: Akademische Verlagsgesellschaft Geest & Portig K.-G. 1973.
[2] *Boseck, H.:* Grundlagen der Darstellungstheorie. Berlin: VEB Deutscher Verlag der Wissenschaften 1973.
[3] *Burkhardt, J. J.:* Die Bewegungsgruppen der Kristallographie. 2. Aufl. Basel: Birkhäuser Verlag 1966.
[4] *Cracknell, A. P.:* Angewandte Gruppentheorie. WTB, Bd. 84. Berlin: Akademie-Verlag 1971.
[5] *Harris, D. C.; Bertolucci, M. D.:* Symmetry and Spectroscopy. New York: Oxford University Press 1978.
[6] Киттел, У.: Введение в физику твердого тела (Einführung in die Festkörperphysik; Übers. a. d. Engl.)
Москва: Наука 1978.
[7] *Kleber, W.:* Einführung in die Kristallographie. Berlin: VEB Verlag Technik 1956.
[8] *Kochendörffer, R.:* Einführung in die Algebra. 4. Aufl. Berlin: VEB Deutscher Verlag der Wissenschaften 1974.
[9] *Landau, L. D.; Lifschitz, E. M.:* Lehrbuch der Theoretischen Physik (Übers. a. d. Russ.), Bd. III: Quantenmechanik. 6. Aufl. Berlin: Akademie-Verlag 1979.
[10] *Ljubarski, G. J.:* Anwendungen der Gruppentheorie in der Physik (Übers. a. d. Russ.). Berlin: VEB Deutscher Verlag der Wissenschaften 1962.
[11] *Lugowski, H.; Weinert, H. J.:* Grundzüge der Algebra, Teil I. 4. Aufl. Leipzig: B. G. Teubnei Verlagsgesellschaft 1968.
[12] *Mathiak, K.; Stingl, P.:* Gruppentheorie 3. Aufl. Berlin: VEB Deutscher Verlag der Wissenschaften 1970.
[13] Нокс, Р.; Голд, А.: Симметрия в твердом теле (Übers. a. d. Engl.).
Москва: Наука 1970
[14] *Paufler, P.; Leuschner, D.:* Kristallographische Grundbegriffe der Festkörperphysik. WTB, Bd. 156. Berlin: Akademie-Verlag 1975.
[15] Сиротин, Ю, И.; Шаскольская, М. П.: Основы кристаллофизики.
Москва: Наука 1975.
[16] *Speiser, A.:* Theorie der Gruppen von endlicher Ordnung. 4. Aufl. Basel: Birkhäuser Verlag 1956.
[17] *Sperner, E.:* Einführung in die analytische Geometrie und Algebra, Teil 1 und 2. Göttingen: Vandenhoeck & Rupprecht 1957.
[18] *Streitwolf, H.-W.:* Gruppentheorie in der Festkörperphysik. Leipzig: Akademische Verlagsgesellschaft Geest & Portig K.-G. 1967.
[19] *Schumann, H.:* Kristallgeometrie. Leipzig: VEB Deutscher Verlag für Gruudstoffindustrie 1980.

Ergänzungsliteratur

Boruvka, O.: Grundlagen der Gruppoid- und Gruppentheorie. Berlin: VEB Deutscher Verlag der Wissenschaften 1960.
Cotton, F. A.: Chemical Applications of Group Theory. New York: Wiley 1963.
Dorain, P. B.: Symmetrie und anorganische Strukturchemie. Berlin: Akademie-Verlag.
Flachsmeyer, J.; Prohaska, L.: Algebra. Berlin: VEB Deutscher Verlag der Wissenschaften 1975.
Nicolle, J.: Die Symmetrie und ihre Anwendungen. Berlin: VEB Deutscher Verlag der Wissenschaften 1954.
Niggli, P.: Grundlagen der Stereochemie. Basel: Birkhäuser Verlag 1945.
Schläfer, H. L.; Gliemann, G.: Einführung in die Ligandenfeldtheorie. Leipzig: Akademische Verlagsgesellschaft Geest & Portig K.-G. 1967.
Wigner, E. P.: Group Theory. New York: Academic Press 1959.

Symbolverzeichnis

Operations-, Relations- und Funktionszeichen

$\circ$	Verknüpfung in einer Gruppe
$\times$	direktes Produkt zweier Gruppen
$\oplus$	direkte Summe
$\sim$	Äquivalenz, Konjugiertheit, Ähnlichkeit
$\cong$	Isomorphie
$\overset{\sim}{\to}$	Homomorphie
	Bildung des inversen Elements $(\iota = -1)$
$k(\mathbf{X})$	Klassenzahl der Punktgruppe $\mathbf{X}$

Schönfließsymbolik

$C_n, \mathbf{C}_n$	Drehsymmetrieoperation C_n an n-zähliger Drehsymmetrieachse C_n
$S_n, \mathbf{S}_n$	Drehspiegelsymmetrieoperation S_n an n-zähliger Drehspiegelsymmetrieachse S_n
$\sigma_v, \boldsymbol{\sigma}_v$	Spiegelsymmetrieoperation σ_v an vertikaler Spiegelsymmetrieebene σ_v
$\sigma_d, \boldsymbol{\sigma}_d$	Spiegelsymmetrieoperation σ_d an dihedraler Spiegelsymmetrieebene σ_d
$\sigma_h, \boldsymbol{\sigma}_h$	Spiegelsymmetrieoperation σ_h an horizontaler Spiegelsymmetrieebene σ_h
$i, \boldsymbol{i}$	Inversion i am Inversionszentrum i

Internationale Symbolik

(s. Seite 80)

Abstrakte Gruppen

$\mathbf{G}$	Gruppe
$\mathbf{U}$	Untergruppe
$\mathbf{N}$	Normalteiler
$\mathbf{N}_A$	Normalisator von A
$\mathbf{Z}_n$	zyklische Gruppe der Ordnung n
$\mathbf{Z}_\infty$	zyklische Gruppe unendlicher Ordnung
$\mathfrak{Z}$	Zentrum
$\langle \mathbf{M} \rangle$	von $\mathbf{M}$ erzeugte Untergruppe
$\langle A \rangle$	von A erzeugte zyklische Gruppe
$[A, B, \ldots]$	Gruppe aus den Elementen $A, B, \ldots$
$\mathbf{V}$	Kleinsche Vierergruppe
$\mathbf{F} = \mathbf{G}/\mathbf{N}$	Faktorgruppe von $\mathbf{G}$ nach $\mathbf{N}$

Klassen, Komplexe

$\mathbf{A}, \mathbf{B}, \ldots \subset \mathbf{G}$	Komplexe von $\mathbf{G}$
$\mathbf{A}^\iota$	inverser Komplex
(A)	Klasse konjugierter Elemente
$\mathfrak{R}$	Klasse konjugierter Elemente
$L \circ \mathbf{U}$	Linksnebenklasse nach $\mathbf{U}$
$\mathbf{U} \circ R$	Rechtsnebenklasse nach $\mathbf{U}$

Matrizengruppen

$\mathbf{M}_n$	beliebige lineare Matrizengruppe
$GL(n, \mathbf{K})$	allgemeine lineare Gruppe über $\mathbf{K}$
$GL(n) = GL(n, \mathbf{R})$	allgemeine lineare Gruppe über $\mathbf{R}$
$O(n)$	orthogonale Gruppe
$O^+(n)$	eigentlich orthogonale Gruppe
$U(n)$	unitäre Gruppe
$SU(n)$	eigentlich unitäre Gruppe
$SL(n, \mathbf{K})$	komplexe spezielle lineare Gruppe
$SL(n) = SL(n, \mathbf{R})$	reelle spezielle lineare Gruppe
$\mathbf{L}_4$	Lorentzgruppe
$\mathbf{L}_4^+$	eigentliche Lorentzgruppe

Permutationsgruppen

$\mathbf{G}_n$	symmetrische Gruppe der Ordnung $n!$
$\mathfrak{A}_n$	alternierende Gruppe

Bewegungsgruppen

$\mathfrak{B}_3$	Bewegungsgruppe des $\mathbf{E}^3$
$\mathfrak{B}_3^+$	eigentliche Bewegungsgruppe
$\mathfrak{B} \subset \mathfrak{B}_3$	beliebige Bewegungsgruppe
$\mathfrak{D}_3$	(vollständige) Drehgruppe
$\mathfrak{D}_3^+$	eigentliche Drehgruppe
$\mathfrak{D} \subset \mathfrak{D}_3$	beliebige Drehgruppe
$\mathfrak{T}_3$	Translationsgruppe des $\mathbf{E}^3$
$\mathfrak{T} \subset \mathfrak{T}_3$	beliebige Translationsgruppe
$\mathfrak{B}/\mathfrak{T}$	Faktorgruppe von $\mathfrak{B}$ nach $\mathfrak{T}$
$\mathbf{P}^+$	Normalteiler aus den eigentlichen Drehungen einer Punktgruppe 2. Art
$\mathbf{P} = \mathbf{P}^+ \cup \mathbf{P}^-$	Nebenklassenzerlegung der Punktgruppe 2. Art nach $\mathbf{P}^+$
$\mathbf{G}$	Raumgruppe eines Kristalls
$\mathbf{G}_0$	Punktgruppe eines Kristalls

Punktsymmetriegruppen 1. Art

$\mathbf{C}_n$	
$\mathbf{D}_n$	Diedergruppe
$\mathbf{T}$	Tetraedergruppe
$\mathbf{O}$	Oktaedergruppe
$\mathbf{Y}$	Ikosaedergruppe
$\mathbf{C}_\infty$	unendliche Punktsymmetriegruppen
$\mathbf{D}_\infty$	unendliche Punktsymmetriegruppen

Punktsymmetriegruppen 2. Art

$\mathbf{S}_n = \langle S_n \rangle$	
$\mathbf{C}_{nh} = \langle C_n, \sigma_h \rangle$	
$\mathbf{C}_{nv} = \langle C_n, \sigma_v \rangle$	
$\mathbf{D}_{nh} = \langle C_n, C_2', \sigma_h \rangle$	
$\mathbf{D}_{nd} = \langle C_n, C_2', \sigma_d \rangle$	
$\mathbf{T}_h = \mathbf{T} \times \mathbf{C}_i$	

T_d volle Tetraedergruppe
O_h volle Oktaedergruppe
Y_h volle Ikosaedergruppe
$\left.\begin{array}{l}C_{\infty h} \\ C_{\infty h} \\ D_{\infty v}\end{array}\right\}$ unendliche Punktsymmetriegruppen
$C_i = \langle i \rangle$
$C_s = C_{1h}$
$C_1 = \langle E \rangle$

Darstellungen

$\mathscr{R}: G \to R_n$ n-dim. Matrizendarstellung der Gruppe G
$\mathscr{R}_0: G \to [E]$ Einsdarstellung
$\mathscr{R}(A) \in R^n$ Darstellungsmatrix
R_n Darstellungsgruppe
$\widehat{\mathscr{R}}: G \to \widehat{\mathscr{R}}_g$ reguläre Darstellung, g-dimensional
$\widehat{\mathscr{R}}(A)$ Darstellungsmatrix, reguläre Darstellung
$\mathscr{R}_x: G \to R_n' = X^{-1} \cdot R_n \cdot X$ zu $\mathscr{R}$ äquivalente Darstellung
$\mathscr{R}_x(A) = X^{-1} \cdot \mathscr{R}(A) \cdot X$ zu $\mathscr{R}(A)$ ähnliche Darstellungsmatrix
$(\mathscr{R})$ Klasse äquivalenter Darstellungen, Repräsentant $\mathscr{R}$
$(\mathscr{R}(A))$ Äquivalenzklasse ähnlicher Darstellungsmatrizen
$\mathscr{R}_x^1(A) \oplus \mathscr{R}_x^2(A) \oplus \ldots$ direkte Summe (Blockdiagonalform)
$\mathscr{R}_x^\nu$ Teildarstellungen
$\mathscr{R}_1 \times \mathscr{R}_2$ direktes Produkt der Darstellungen $\mathscr{R}_1, \mathscr{R}_2$
$\mathrm{Sp}\,\mathscr{R}(A)$ Spur von $\mathscr{R}(A)$
$\chi(A)$ Charakter von A
$\chi_\nu^h = \chi^h(A_\nu)$ Charakter auf der Klasse (A_ν) der h-ten irreduziblen Darstellung
$[\mathscr{D}^2]$ symmetrisierte Produktdarstellung
$\left.\begin{array}{l}\mathscr{A}_1 \\ \mathscr{A}_2 \\ \mathscr{B}_1 \\ \mathscr{B}_2 \\ \mathscr{E} \\ \mathscr{F}_1 \\ \mathscr{F}_2\end{array}\right\}$ physikalische Darstellungen

Symmetrie-, Permutations-, Darstellungs- und Faktorgruppen, Normalteiler zu speziellen Molekülen oder Kristallen

$\mathfrak{T}_2, \mathfrak{T}_3'$ Translationssymmetriegruppe des ebenen bzw. räumlichen NaCl-Gitters
C_1 (Punkt-) Symmetriegruppe des FClSO-Moleküls
C_s (Punkt-) Symmetriegruppe des F_2SO-Moleküls

C_{2v} (Punkt-) Symmetriegruppe des H_2O-Moleküls
C_{3v} (Punkt-) Symmetriegruppe des NH_3-Moleküls
C_{4v} (Punkt-) Symmetriegruppe des SF_5Cl-Moleküls
C_{2h} (Punkt-) Symmetriegruppe des H_2O_2-Moleküls
C_{3h} (Punkt-) Symmetriegruppe des ebenen Borsäure-Moleküls
D_{2d} (Punkt-) Symmetriegruppe des C_3H_4-Moleküls
D_{3h} (Punkt-) Symmetriegruppe des BF_3-Moleküls
D_{4h} (Punkt-) Symmetriegruppe des XeF_4-Moleküls
D_{6h} (Punkt-) Symmetriegruppe des C_6H_6-Moleküls
D_2 Drehsymmetriegruppe des C_3H_4-Moleküls
C_2 Drehsymmetriegruppe des H_2O_2-Moleküls oder Normalteiler von D_{2d}
C_3 Drehsymmetriegruppe und Normalteiler in C_{3v}
D_{2d}/C_2 Faktorgruppe von D_{2d} nach C_2
C_{3v}/C_3 Faktorgruppe von C_{3v} nach C_3
M^+ Darstellungsgruppe von D_2
M_3 Darstellungsgruppe von D_{2d}
$\widehat{R}_8$ Darstellungsgruppe von D_{2d}, bei regulärer Darstellung
M_2 Darstellungsgruppe von C_{3v}

Spezielle Bezeichnungen

N neutrales Element
E Einselement
O Nullelement
$\begin{pmatrix}1 & 2 & \ldots & n \\ p_1 & p_2 & \ldots & p_n\end{pmatrix}$ Permutation
ε identische Permutation
E Einheitsmatrix
$I = -E$
$E^- = \begin{bmatrix}1 & 0 & 0 & 0 \\ 0 & 1 & 0 & 0 \\ 0 & 0 & 1 & 0 \\ 0 & 0 & 0 & -1\end{bmatrix}$
$(X)_{\mu\nu}$ Element der Zeile μ, Spalte ν der Matrix X
$\{O; e_i\}$ Basis des E^3 mit Ursprung O und Basisvektoren e_i
$H = [n_\mu n_\nu]$ $(n = (n_1, n_2, n_3)$ Normaleneinheitsvektor)
$E - 2H$ Darstellungsmatrix für Spiegelungen
D_1, D_2, D_3 Transformationsmatrizen zu den Eulerschen Winkeln ψ, Θ, φ

$E, D, D', D'', S, S', \Sigma', \Sigma''$ Darstellungs-
matrizen der Darstellung der Gruppe
D$_{2d}$
$E, \Delta', \Delta'', \sigma', \sigma'', \sigma'''$ Darstellungsmatrizen der
Darstellung der Gruppe **C$_{3v}$**
$\{A \mid T\}$ Seitzsymbol
$j = [G : U]$ Index der Untergruppe U von G
$k_{\lambda\mu,\nu}$ Klassenmultiplikationskoeffizienten
$[[n_1 n_2 n_3]]$ Millersche Indizes eines Punktes
$[mnp]$ Millersche Indizes einer Richtung
(hkl) Millersche Indizes einer Fläche

Physikalische Größen

$H(p, x)$ Hamiltonfunktion
H Hamiltonoperator
$\hbar$ Plancksches Wirkungsquantum
E Energie eines physikalischen Systems
$V(x)$ Potential
V Volumen des physikalischen Systems
n, l, m Quantenzahlen der Elektronen-
zustände im Atom
s, p, d, f, g, h Drehimpulswerte der Elektronen
im Atom

Namen- und Sachregister

Mathematik für Ingenieure, Naturwissenschaftler, Ökonomen und Landwirte